穿過味覺的記憶

朱天衣

目次

參 咖啡館

肆 洋芋 土豆 馬鈴薯

伍　陽春　切仔　大麵

前言

從小在父母「能吃就是福」、「能吃好做事」言教身教下，我們總視「吃」是件美事、是件大事，在家大盆大碗就不說了，連外食吃碗麵，也五大碗上桌，那可是三綑麵扎實的存在，連老闆也忍不住摸著五歲的我的頭讚歎：「小妹妹好能吃呀！」

記得阿城短暫寓居吾家期間，見三餐都大盤大碗上桌，也不禁驚歎：「吃就好下田做活了！」若筆耕也算勞力活兒，我們一家倒當得起這說法來著。

我們把「吃」當件大事、美事，卻不在食材的講究，也不在餐廳星級與否，我們在意的是口味，在意的是用餐氛圍，口味對了，同桌友伴對了，就算路邊攤，無包廂無裝潢的普通餐廳，也能美美的享用。

最怕的是虛有其名又愛說菜的名店，或所謂改良版的各色菜系，該鹹不鹹、該甜不甜，完全走味至不知所云，卻都還來個貴，這時的我便暗自竊歎：「還不如在家吃頓自己料理的飯菜」；二姊則面帶微笑、好家教的放下筷子，寧餓死也不肯再動箸，她是絕不委屈自己脾胃的；大姊想必默默哀歎，一桌殘餚打包回去是要吃到猴年馬月呀！

近十來年，大姊多了個稱謂「剩女」，無法忍受食物浪費的她，前一晚的剩菜、外帶回家的殘羹餘餚全賴她收拾，常午餐下鍋冬粉，便可順便解決排隊在冰箱裡多時的剩菜；二姊一家是不吃隔夜菜的，我能幫大姊的也就是盡量收尾讓盤底淨空，因此共食多年下來，養得個三高體胖。

我們姊妹仨自小方方面面發展各異其趣，脾性長相體格如此，書寫創作如此，興趣嗜好亦如此，表現在吃性上更常是南轅北轍，同一食材同一菜餚同一家庭，得到評價如此不同，約莫連它們也莫名，這在我和二姊身上尤其明顯，柿子、番茄於我倆各是珍寶，在對方眼底卻如敝屣，類此狀況族繁不及備載，這總讓人狐疑我們真是手足？一個家庭養出來的孩子？

整體來說，大姊飲食偏素，飯桌上只要出現青蔬瓜屬，她總能包辦泰半，玉米、筍子、海帶也讓她神迷，即便胃壁已不堪如此磋磨，不經提醒，仍停不了筷。她的早餐固定一杯牛奶加咖啡，再佐以各式無人問津的糕餅麵包，就著兩份早報也就打發了，午餐一樣靠搜羅冰箱剩菜解決，「剩女」精神發揮到了極致。

二姊則是只吃她愛的，有時一桌菜卻只獨沽一味，吃得盡興，會連著吃、餐餐吃，卯足勁的吃，直吃到倒胃再也不碰。點心亦如是，青梅醬、厚片夾心酥、蛋黃酥……都曾讓她忘其所以，最近則流行山楂果乾和娃娃酥，若沒出門進咖啡館，那就完全靠這些零嘴維生。

二姊常覺得餘生三餐是數得出來的，吃一頓少一頓，就別勉強自己吃些不合胃口的東西，她不要星級美饌，也不追求名點珍饈，只是想保留自己一點奇奇怪怪飲食癖好，我和大姊也就由她了。

至於我，吃食光譜可就寬廣多了，說是兩個姊姊的聯集也不為過，除了數得出來的牡蠣、螺類、冬瓜、淡水魚不吃，令人光火的三色豆不碰，金牛座的我真的是很難拒絕美食誘惑，且食量還來個大，連食興極佳的兩位姊姊都常驚歎有個大食腸妹妹。

我們從不覺得自己是美食家，也不覺得自己在飲饌方面有甚麼獨特見解，若有可自詡的，那便是自小食性強健，吃甚麼都開心。近年近老的我們姊妹仨，每當共食，哪怕只是家常料理，哪怕圍著的只是一海鍋大滷麵，我們總是美美的享用，且不時天南地北回憶過往，或人或事，或某次令人難忘的聚餐，——《穿過味覺的記憶》於焉誕生。

壹

從蛋捲説起

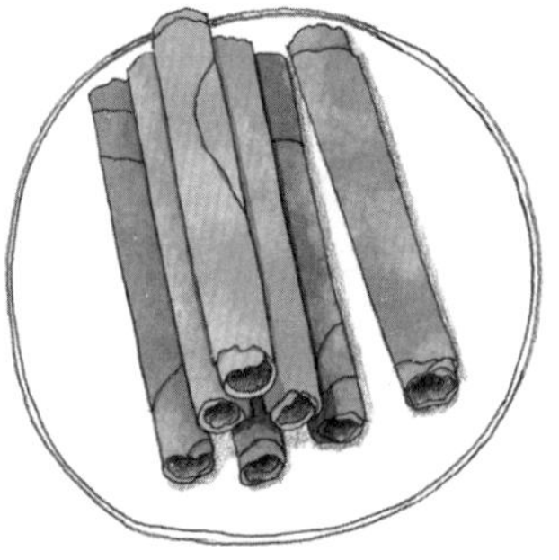

從蛋捲說起

春節前夕，娘家信箱總會出現一盒蛋捲，數十年如此，這是F長存抱柱信的遊戲，我們也如尾生般期盼。F是我年少戀人，分手後，和家人還有往來，他和姊姊的交情遠甚於我。

第一次吃到這酥脆的蛋捲是在衡陽路上，才走近，滿是蛋香奶香，看著店家將蛋糊勻勻的塗抹在圓形鐵板上，待烤炙金黃，用一鐵棍捲起，擱在紙袋裡一只一只的賣，那握在手裡仍有溫度的蛋捲，是如此噴香如此酥脆，是十七歲前從未有過的味覺經驗，套句當時的形容「真是好吃翻了！」

但帶我體驗這美食的，不是F，是小童，這始終如大哥哥存在的小童。

我的京劇生涯和小童是密不可分的，臺上紅娘張生搭檔，臺下社長的他打點一切，一學期一次公演，聘請指導老師、聯絡劇校借戲箱請文武場、商定演出場地，乃至宣傳畫海報印戲票，他也就一人搞定了。我是無知也無能，只管上臺演戲就好，公演前他總提醒要保養好嗓子，冰糖彭大海是基本款，皮蛋沖熱水則是試也不敢試，記憶深刻的是，後臺上妝，他看不得手拙的我，接過指甲油為我上色，動作細膩真令女兒身的我慚愧。

爾後，大膽挑戰「貴妃醉酒」也因他鼓勵，自此只要「國藝中心」貼出這齣戲碼，便帶著我去觀摩，買張最便宜的學生票二十元，待鑼鼓點敲響，我們再慢慢向前挪移，滿劇院大人總對我們好意包容。

那時中華商場未拆，觀戲前總會至對街「徐州啥鍋」買個現煎的韭菜盒。這「徐州啥鍋」是演員葛香亭葛小寶父子開的餐館，或說小鋪更合適，一樓橫切兩層，窄陡木梯上的閣樓狹仄，五六張木桌椅多半時候滿座。和父親一道看戲時，便不時來此用餐，單餅撒子搭「啥」，再點幾碟小菜，對蘇北宿遷長大的父親，這就是鄉愁吧！

骨架熬就的「啥」，滿是雞絲麥仁，說是湯更像粥，濃郁香濃令人戀戀。即便價位不算高，仍是學生的我們消費不起的，能力所及也就是門口現煎的韭菜盒。這盒子特別在隨點隨煎，且包覆前，會在餡料上再裹一層蛋汁，那韭菜便分外鮮綠滋潤，直徑二十公分半月形，一個下肚也就飽了，我們總是接過手，站在路邊便吃將起來，那鍋氣總讓人吃得齜牙咧嘴。

來不及路邊吃帶進場也有的，想想濃郁韭菜味兒，該是很擾人的，但似乎也沒招過白眼，那時劇場氛圍還鬆緩，雖不致嗑瓜子、茶博士滿堂飛，但較之現在置身國家劇院正襟危坐觀戲，連喝彩也不太敢，還讓人真有些懷舊。

若時間多，小童便會帶我四處晃蕩，好吃好喝的沒少過，蛋捲便是其一，記得那次他只買了一只，讓他，他卻說吃過了，我只好把那不知花掉他多少零用錢的好吃蛋捲獨自吞下肚了。

我們也曾上館子打牙祭，那時韓國石頭火鍋正夯，西門町處處麻油飄香，我們去的那家也有個小閣樓，走上去頭要低著，坐在榻榻米矮几前，側身便是木格矮窗，窗外隔著還只兩線道的中華路便是鐵道，以及緊貼著的中華商場背面，商家後門雜沓畢露還顧不得整治，賣吃食的店家總蹲在地上洗碗刷鍋，行走其間很是困頓，時刻得提防被油漬污水潑身或腳滑摔個大跤。

那時節，中華商場是臺北最興旺的地標，庶民小吃「點心世界」就大剌剌的占了兩三個單位，賣的各色北方麵點，鍋貼蒸餃蔥油餅配碗酸辣湯，便能扎扎實實熨妥飢腸轆轆的肚腹，但讓我印象最深刻的是那一張張汪著油的桌椅，就算跑堂抹了又抹、擦了又擦，那油漬是早滲入木頭肌理，沒打算素顏見人了，大家似也不講究，吃飽最重要。

記憶中，中華商場賣吃食的除了「點心世界」、「徐州啥鍋」，另還有「溫州大餛飩」及「北平烤鴨」，國劇社聚餐，一位學姊曾請大夥去那兒大啖烤鴨三吃，其中一吃甚特別，是用鴨油料理蛋，當時還小，分辨不出是蒸是煨，之前沒吃過，之後也未見過，即便後來遊走兩岸，任何烤鴨館都沒它的蹤跡，說不上可口與否，大概是因著空前與絕後，便分外惦記它。

當和小童坐在那矮仄的韓國石頭火鍋閣樓上，窗外是不時轟隆而過的火車，會震得整個木造屋樓跟著顫抖，但多半時候我們是無心其他的，只等服務生用麻油起鍋爆香洋蔥蒜末、炒熟最低消豬肉片、注入高湯退去後，在小童把風下，我把家裡攜來的肉片加進鍋裡，兩人便忐忑快速的把肉片吞下肚，那是頭一次吃石頭火鍋，滋味如何全不記得，緊張造成的消化不良卻是一定的，這是窮學生、饞學生會幹的事。

後來小童打工領了錢，請我至中山北路上的「中央飯店」頂樓吃西餐，它是個旋轉餐廳，在其間用餐，可隨著視角不停移動俯瞰整個臺北市景，當時的天際線還一馬平川，沒有北車站前的新光大樓，更沒插天的「101」，天氣好，是能看到環繞城市的基隆河新店溪淡水河。然而，那旋動機械似乎不太輪轉，讓人清楚感覺到它是一格一格移動的，也就是說每隔一分鐘，便從腳底傳來一陣晃動，不嚴重卻牽扯著我緊繃的神經，我以為它終究會像個陀螺脫軌飛轉出去，眼前的美食、落地窗外的景緻已完全吸引不了我，人是整個的緊繃著挨過一次又等待著即將而至的晃動，我才發現自己是有畏高傾向的。

不過，小童的懼高症顯然嚴重多了，一次，我們逛至圓山基隆河畔，這大片區塊一半動物園，另一半臨河的是兒童樂園，是當時孩子們的快樂天堂。動物園後來遷至木柵，較之於圓山侷促的環境，動物們也才脫離了地獄似的桎梏，即便當時還沒甚麼動保意識，看著牢籠裡的牠們終歸難受，所以多半時候會選另一邊的樂園。

那時市民要求不多，小火車、咖啡杯、旋轉木馬就能滿足孩子的奇想，無聊青少年如我們，只能找摩天輪尋刺激，不過三層樓高的大轉輪真不能和現今動輒十層樓高相比，但很記得硬被我拉上去的小童，機器才剛啟動就後悔了，耳畔傳來嗚嗚之聲，先還以為是在鬧，轉頭看，他一臉慘白，待等轉到最高處，他已顫抖的脫口：「朱天衣！都是你！都是你！」這讓我暫時忘卻自己也有懼高的毛病，整個詫笑到不行。

小童如此示弱、我的毫無同情心，多是和我們之間始終不存在異性張力有關吧！

在我們結拜兄妹中小童排行老大，平素哥兒們的相處，我這么妹也慣於被當男孩看待，打籃球該拐該撞該抄球他們從不手軟，小童多在一旁守著大夥衣物，決計不參與這類野蠻遊戲。一行人出外露營，只有他會提醒唯一女生的我是不是該上廁所了，遂尋一隱蔽處為我把風。校園民歌演唱會，身兼主持人的我苦無像樣衣飾，是他張羅來妹妹的禮服應急，為我打點上臺所有。與唱片公司的人接洽，他也堅持陪同，誰叫那製作人把見面地點定在自家住處呢！

小童的兩位親妹妹，和他一樣顏值出眾，他是俊秀，妹妹是甜美。大妹後來任職電視臺主播，小妹則走上演藝之路。他卻不多談家裡事，只有兩次談及母親，他說母親是不讓妹妹做家事的，手做粗了怎麼嫁人，另一次則是說母親勸他別和作家交朋友，當然的，這又換來我的詫笑不已。但至此，不自覺的會警醒，下筆時要顧及他人隱私，不止小童，其他人也該是。

年長三歲的他，成熟度遠遠超前於我，感覺上像是已半個身子跨入社會，他總會分析成人世界的種種，那是我不太懂得也不太關心的世界，只當稀罕僅聽聽笑笑，是甚麼使得他如此憂患？對未來的想望，他似乎多刷了層灰。他視我如手足也好，視我如知己也好，離開學校後，有甚麼事，他還是會告訴我，幼稚的我只能聽，連勸慰的能力都沒有。

爾後，因著小童服兵役，我深陷感情漩渦，便漸行漸遠，甚至連電話問候都稀疏。再次見面，是十多年後，他回臺省親，我們匆匆見了一面，才知道他的小妹終究是離開人世了，他的弟媳也以一樣的方式走了，留下的姪女他預備接到美國撫養。妹妹走前，也是他就近在美國照顧的，談及此，他是平靜的，但仍難掩自疚，他以為自己該二十四小時守護，憾事就不會發生，但對求死意志堅定的人來說，是甚麼也留不住的。

我們最後一通電話，正值我婚姻生變，他囑我要珍惜既有，一切都得來不易，但我終究沒聽進。

飄忽三十年過去，劫後餘生的初老，再次和他聯繫上，心緒波動超乎想像，期間透過共同朋友F，知道他在美國事業有成卻一直未成家，原擔心他孤身一人在異鄉是如何走過來的，才知這麼多年，他不僅帶大了姪女，連姪女的三個單親女兒也是他呵護養大的，他說：「我天生就一直覺得女生要被保護，所以照顧女生還滿得心應手的。」這是我最知道的呀！我們曾青春相伴，在他眼中，我始終是個大剌剌又男兒氣的野孩子吧！他不時會提醒我要有女孩樣，要會保護自己，勸說無效，只好伴在身側耐煩盡他大哥哥的責任。

十五二十年少時，最是恣意闖蕩的年紀，小童卻已擔起煞車及安全氣囊的角色，呵護守候著兩個嫡親妹妹和我，「女孩是拿來疼的」，說來容易，有幾個人做得到呢？這是我的感慨，小童卻用他一生孜孜信守著。

這兩年疫情緣故，小童回來的期程難訂，我們的約也一延再延，我很想見他，急不及待想填補這三十多年的空白，但，也怕見他，怕他心中的野孩子已消失，怕他曾呵護的女孩已滿是滄桑。如果能選擇，我多麼希望他能將我停格在那年公車上擦身而過的短暫會遇，他即將出國，我則已懂得打扮自己，長髮長裙長靴，一身波西米亞，那時的我們還年輕飛揚，還相信這個世界沒甚麼不可能，我們的人生還沒開始呢！匆忙下車的我回首揮著手，道別的是小童，道別的是我們一起走過的年輕歲月……

戀情與吃食

我的戀情開始得極早。在那還保守的年代，告別國小，進入男女分班，不用學校明文規定，大家都知道男女生廝混快樂童年已然遠颺，取而代之的是涇渭分明河水不犯井水。偌大天井像紅海，隔開兩邊教室，也隔開男生女生接觸的各種可能。那樣年齡的我對異性是無感的，甚至好奇也沒，但國二時，到底接到一個男孩D的信，本能的交給班導處理，這信又輾轉由他的班導交到他父母手裡，滿慘的結果。三上，再次接到來信，是被他鍥而不捨感動吧，也就魚雁往返起來。

在那樣的氛圍裡談戀愛，雖不致大逆不道，但到底是惹人側目咋舌的。除了書信往來，有時D會陪著等公車，好在公車路線冷僻，半小時一班，常就兩人立在站牌前聊天，和書信內容一樣，話題總是讀書考試，互相打氣再沒別的，畢竟聯考在即，國三課業重得驚人，最煽情的也就是抄錄李商隱的詩句互贈罷了。這場戀情是一種紓壓是一種逃避？當時釐不清，爾後，因著升至不同學校便淡了、分手了，這確是結果。

期間，我們曾相約看過一場電影，很符合當時情境，一部以紐約藝術高中為背景的片子《初戀的故事》，女孩是舞蹈學生，男孩專攻大提琴，整部影片便在低沉弦樂襯托中進行，既是「初戀」，可想見難以善終，最後因女孩父親工作調動必須遷往其他城市，兩人遂不得不分手。故事很通俗，氣氛卻濃郁，讓這戀情多了些許重量。

那時節，學生看電影首選是公館商圈的「東南亞」，只要稍待兩週，花費首輪一半的票價就能看到一式一樣的美國片及少數歐片。

這東南亞戲院是一九六六年五月開始營業的，由兩百位榮民伯伯集資開設的，當時是為了提供青年學子們接觸國外資訊的機會，之所以取名「東南亞」則是緬懷這些榮民伯伯在中國西南邊境和緬甸征戰的歲月。二〇一五由秀泰影城接手，外觀經拉皮後繼續營運，但二〇二五年一月三十一日終至結束營業預計改建商城。六〇年代，在這原是一片稻田鄉野之處冒出一影院後，很快的周邊便蝟集了各式攤商，吃食、衣飾是大宗，也是學生消費得起的，臺北在還沒所謂東區的年代，西門町和公館最是年輕人聚集所在。

我們零用錢不多，很適合來此一遊。從小母親再三叮囑，男女交往約會時千萬不可讓對方付錢，因此在戲院前ＡＡ付妥戲票錢，Ｄ堅持請我至不遠處喝芝麻糊，那是個半露天的小鋪子，兩人坐在方桌前拘謹一杓杓啜著滾燙的芝麻糊，訥訥的不知要說甚麼。

身著便服不同於平時，眼前的Ｄ陌生得可以，約莫我在他眼底亦如是。即便我已努力把可能的家當都穿在身上，母親的針織衫、大姊的喇叭褲，姊妹仨共有的一雙涼鞋，但連自己都覺得彆扭，任誰看都知道我們是兩個國中生，莫名其妙的在喝著大人點心，至少孩時的印象，這芝麻糊是給老人家喝的，且那碎芝麻容易殘留齒間，真不適合約會點食。這小小點心鋪一直到年過三十當了媽還存在著，也因此，爾後每路過，那青澀的戀情便會伴隨大提琴的悲鳴流淌浮現。

這鋪子對面是臺大正門，一九七七前，「傅園」外圍臨羅斯福路還有一排違章建築，也賣些吃食點心，其間一家店，門口堆著一落落的蒸籠，永遠的熱氣蒸騰，肉包菜包拳頭大小，配搭酸辣湯蛋花湯，是學生等級的消費，升上工專後，常和E在這兒用餐，和E同班，兩人老出雙入對自然是引人矚目，因此便轉移陣地至不遠處的臺大閒晃，說是溫書做功課，更多時候是聊不完的話，活動中心不似總圖會嘈擾到人，我們更常在那兒出沒，餓了，便至福利社吃霜淇淋茶葉蛋，便宜好吃，讓這段戀情增色不少。

週間相處仍嫌不足，週日一早便約在臺大門口吃頓熱湯熱包子再入園。我們會各點兩個剛出爐的肉包及一碗蛋花湯至二樓享用，一百八身高的E總是欠著身才能在那閣樓走動，燙嘴的包子熱湯，暖暖熨妥兩人的肚腹，有戀愛佐味，這蛋湯包子是如此可口令人難忘。

E也曾帶我至西門町的「白雪」溜冰，那是貨真價實真正的溜「冰」場，是足踏冰刀在冰上滑溜的，E跪膝為我綁緊鞋帶，挽著我在冰上滑行，耳際縈繞著當時最夯的"Love Story"，粉紅泡泡直衝最高值。

以這首為主題曲的愛情電影，其實十分言情通俗，但票房奇高，因此帶起爾後幾年好萊塢愛情悲劇濫觴，前面提到的《初戀的故事》便是其一。"Love Story"在一九七〇奧斯卡獲得最佳影片、導演、男女主角在內七項提名，最後卻只奪得最佳配樂。臺灣晚幾年上映，劇情以女主最後罹癌去世悲劇收場，一樣讓太平洋此岸男女為之心醉神迷，戀愛中的E和我也難倖免，在那樣的氛圍裡，感情不升溫才奇了。

幼稚的我以為這就是地久天長，未料卻短促的讓人迫不及防，不過一學期，受不了周遭及母親壓力的E，終究選擇了片面斷交，當時全在狀況外的我，帶著滿頭問號悲傷的熬了好長一段時間，不想和E同處一間教室，便時常在外遊蕩，但臺北就那麼大，處處是兩人共與的記憶，能逃哪兒呢？尤其臺大周邊更屬禁區，連經過也不敢。

半年後，E找我深談才明白了他的難處，兩人恢復邦誼，但就僅止於朋友，再不涉男女感情。三年後，臺大前的那排火雜雜的違建一夕拆除，空落落的甚麼也不剩，如同和E的所有也隨之煙消雲散。

F以天使之姿出現，他的細膩是多麼令人驚歎，路上走著，隨時遞來一支蓬鬆的棉花糖，吃牛排，會為你切成適口大小一塊一塊的，近一年的陪伴，我終於接受他的表白正式交往。F總騎著鐵馬接我放學，坐在後座清楚聞到他一身皂香，顯然趕在我下課前，他先回家盥洗過。

我們常經信維市場，在路邊吃些攤食當晚餐，最後再吃碗刨冰劃下句點。挑選配料時，我總撿粉圓、愛玉、仙草、杏仁豆腐，一旁多點紅豆綠豆雲豆之屬的F，總皺皺眉道：「你選的都是無意義的東西呀！」這是我頭一回聽到吃食也可以這樣形容的。

那時林安泰古厝還未遷移，盤踞在敦化南路底，四周大片稻田，我們吃完冰，便兩人一騎悠遊的穿梭在田間小徑上，稻香皂香幽幽，佐證了那段戀情確實曾存在過的呀！

F也喜歡帶我去他的成長地基隆，那永遠帶著海腥味的港灣，F熟門熟路的領著我走過一條一條老街窄弄，看似不起眼的店面，裡頭賣的卻是奇貨可居的舶來品，想當然的，都是船員從世界各個角落攜回來的，連玻璃瓶可口可樂也有。因著F，我知道基隆蔴粩好吃，有名的餅鋪是「李鵠」、湯圓則是「全家福」，而廟口夜市非吃不可的是油炸三明治、天婦羅和鼎邊銼，後來在福州吃到一式一樣的鼎邊銼，才知祖籍福州的F，為何鍾情這一味。

交往期間，適逢F的姊姊婚嫁，參加喜宴時，老見F一家人窸窸窣窣竊語著甚麼，估莫是禮金出了狀況吧！未想回到家，才知整晚眾人念茲在茲的是菜尾收妥了嗎？那口少說二十人份的不鏽鋼鍋裝了個八分滿，才進門便給端上爐灶狠滾一番，接著一家人圍在桌前，西裝旗袍都未換便大啖起來，真真令人結舌。

我以為這是福州特殊飲食習慣，故而至彼岸福州演講，幾餐大宴都默默觀察是否有人等著收菜尾，尤其是直接設宴在「三坊七巷」古宅的那席酒菜，道道驚豔，最後上桌一尾五十公分長的龍膽石斑，鮮美滋味讓平時幾不吃魚的我，也忍不住一再動箸，深怕蹧蹋食物辜負了那尾魚，同時又怕攔胡了某位等著菜尾的福州老鄉，唉！真是兩難。

從成功嶺結訓回來的F，突然變得忽冷忽熱，中臺灣的陽光朗朗，軍式訓練於他是如魚得水，煥然的他或許想找回自己，不再只做個陪伴者角色，但當時的我不能理解，只覺得和E的噩夢重現，只想保住自己的尊嚴縮回角落裡，翹課遊蕩又成了日常，非得要在社團裡碰面，兩人也像刺蝟般扎得彼此遍體鱗傷，那段日子，好性情好脾氣的我們，磋磨的像魔鬼頭上都長出角來，周遭的朋友很是尷尬於我們這樣彼此對待。

如此這般一年有餘，我們的戀情終於在一場舞會中結束。那時節，我的雞尾酒特調小有名聲，以蘋果西打為底，加些許高粱，再以各色水果丁裝飾，如此土法煉鋼還頗受歡迎。冷戰狀態下，F突然邀我為他們班舞會去特調雞尾酒，到場除了全班男生，他們還邀了銘傳女生參與，這是當時慣見的，但從開始，F便始終與一長髮女孩共舞，完全無視我的存在，他同學看我被晾在一旁，只得不時過來沒話找話說，最後一曲，F終於來邀舞，我說不會，他說他會帶我，要不，他就得送人回去了，於是那曲布魯斯就在我不時踩著他腳尖中結束，燈亮了，他說要送，我說不必，我們走了條街，我堅決不要他送，兀自匆匆穿過忠孝東路，走至敦南林蔭道坐在白花鐵椅上，才讓淚水淌了一臉，他這麼做是為甚麼？是示威嗎？是報復嗎？是要暗示或告訴我甚麼嗎？需要用這樣的方式嗎？真的好累，我已累到不想知道答案了。我們的戀情便也結束在敦南的這一頭了。

和F終未修成正果，但他和姊姊的交情一直保持著，是青春為伴也可共老的知交。前幾年，狼狽出逃，是他提供了可落腳暫居處所，樓上樓下互不打擾的住了一年半，連水電天然氣都不讓付，我深知這源自F和家人的深厚情義，感念也只有默默埋在心底了。

這幾十年來，家裡信箱除了他年節必送的蛋捲，不時還會出現一包茶一盒點心，端看包裝便知他又去了哪兒、剛從哪個國家回來。疫情期間，他不時會放些口罩、酒精、試劑，留言「想必你們這些『亂民』是不會排隊領取此類物資的。」還真被他言中。

他以天使之姿出現在我的生命，至終，亦如是。

小時候的零嘴

有時回頭看看我們這一代成長的過程，會很訝異是如何安然長大成人的。怎麼說呢？六〇年代、七〇年代，是個還沒環保、還沒食安觀念的時代，物資極度匱乏，基本用度日常吃食具備就不易了，是不可能多講究甚麼，更不敢挑剔甚麼，有甚麼買甚麼，買甚麼吃甚麼，百分之九十九的人都是這麼過的。

在小學階段，家裡漸漸開始使用衛生紙，那種潔白柔軟的衛生紙。經濟狀況顯然好很多的外公家卻仍持續用著土黃色的草紙，是城鄉差距嗎？只記得寒暑假待在那兒的時光，挺痛苦的就是如廁這件事，一是必須蹲姿，另一是邊上著廁所得邊搓揉那粗糙硬質的草紙，待它皺皺軟軟的，才好擦屁股完事。不過曾聽長我五歲一樣鄉下長大的朋友，童年的他們是連草紙都沒有，用的是竹片，這竹片用後並不丟棄，拿到河邊洗刷了再反覆使用，別說現在孩子聽不懂，連我也頭殼冒三個驚歎號加問號，那是一個甚麼樣的狀況，真真是天方夜譚呀！

我升格少女轉大人時是在國二，正好趕上衛生棉的到來，那是多麼幸福的事，即便當時的棉墊既不防漏，也無翅膀固定，更沒甚麼日夜分別加強加長版的，但較之於母輩，得用破衣碎布裁就，吸收力差，透氣也談不上，那才是苦呢。

上國中從郊區搬進城裡，開學很久了，班長實在忍不住過來提醒，制服白襯衫會透明，不好就這麼空蕩蕩穿著，要媽媽幫忙買件內衣甚麼的。實在不怪媽媽疏忽，我發育忒遲緩，童稚身形和國小完全沒差，只有蛋黃區裡的城市少女才會注意到這吧！經此提醒，我終於穿上襯裙，這一穿就直接穿到國中畢業，這也讓我逃過了馬甲式的胸衣，這古早內衣一排有十幾枚小鐵鉤，還設計在側面，穿著時一個不慎上釦扣下釦，便得整排重來，我就看過母姊趕時間還為這裹布胸衣弄到欲哭無淚。輪到我時，內衣現代化剩兩只鉤，穿戴輕鬆，且清爽透氣，對動不動就生痱子的我，真是躲過一劫，晚熟也有晚熟的好呀！

在吃食上不太看得開的我，一路長成過程就沒那麼幸運了，除了野果子天然健康外（但也需具備神農嚐百草的能力與勇氣），所有需花錢買的零嘴，幾乎都是混在色素堆中的，最便宜最耐吃的話梅、芒果乾，全被染得紅豔豔，吃著像塗了口紅般的誇張，連神經大條的母親都禁止我們吃食，有時和友伴放學回家路上吃得歡快，待進村前，便會努力用袖口裙襬狠命擦拭，再互相檢查嘴邊是否殘存犯案線索，接著彼此張開血盆大口伸長舌頭，看看那紅豔是否清理乾淨，有時還得動用爪子，把舌苔給刮一刮。

消滅罪證手段繁複，但那芒果乾著實誘人，酸滋滋又耐嚼，一小條可玩味許久，非得嚼到泛白起毛才肯放過，是孩子吃得起的零嘴。紅話梅吃起來花樣就更多了，可乾吃可泡水喝，這總讓我選擇困難，欣羨同學水壺裝著泛紅液體夾雜著兩顆膨脹梅子，但也清楚那看似美麗的酸梅水，其實像洗杯水一樣淡寡，浸泡後的梅子也失去原來的濃郁，真箇是食之無味棄之可惜。所以幾經掙扎，大多時候，還是會選擇乾食。我會先舔食外面一層鹽粒，再像囓齒類一小口一小口品味果肉，而後剩下的果核丟進嘴裡，咂巴咂巴又可以享受好一下子，待等全無滋味了，便把殼咬開，吃那苦苦的梅仁，最後把殼嚼至細碎一樣吞下肚，如此物盡其用，連那梅子都要感動吧！

不管芒果乾也好，酸梅也好，從沒整包買的，一毛兩枚是擱在捲紙裡賣的，雜貨店收羅孩子們廢棄的作業簿，一張張撕下捲成冰淇淋甜筒狀，不止裝梅子芒果乾，連其他西瓜糖、健素糖……都這麼裝著賣的。

小時候稱做小皮球或彈珠糖的西瓜糖，那繽紛自然是色素裝點的，外面裹上一層冰晶糖粒，特有一種朦朧美。而色素之於五顏六色的健素糖，也是功不可沒的，孩提吃時，總會依顏色好惡順序品食，最後總把手染得像塊畫布。爾後長大，看著神似的ＭＭ巧克力糖廣告「只溶你口，不溶你手。」不知這詞是否臺灣獨有，若是，那這廣告人幼時一定也被掉色的健素糖荼毒過。

這健素糖也有不裹糖衣的，裸身示人該是挺健康的，古靈精怪的二姊就獨鍾這一味，不想長大成人許久許久後，一則新聞報導竟說，這健素糖原本竟是用來餵豬的，這是提升了豬，還是貶低了人類小孩？也或許基因有百分之八十四同源的人與豬，本就該吃一樣的食物，大人不也常說孩子多當豬養嗎？

一樣滿是色素合成的還有橘子水，裝在寬一公分、長三十公分的塑膠管袋裡一條條賣，那橘真是亮眼，很難輕忽它的存在，咬開，色素味滿溢，若凍結成冰棍，一吸吮，那豔橘直衝進嘴裡，手中剩一只透明冰棍，和插支木棍販賣的冰棒是一樣的，管他豔黃鳳梨、紫藍葡萄、大紅西瓜，吸吮後皆成蒼白透明，七彩色素全吸到嘴裡。

一樣長條形的塑膠管袋裡，還會裝著不明糊狀物，吃起來微酸，有白色粉色分別，口味一樣，染成亮粉色全為吸引孩子吧！這微酸糜狀物，有陣子也曾裝在網球大的小氣球中販售，為著吃完還有小氣球可玩，我買過吃過，一股濃郁的氣球味撲鼻，連幼稚的我都知道，這零嘴吃多了性命堪憂。

另還有兩種同樣螢光粉紅的糖果，一像牛奶糖小四方用蠟紙包著，紙上印著和黑人牙膏俏似的Mark，吃起來涼涼薄荷味，確實和牙膏有著異曲同工之妙。另一則是「白雪公主」泡泡糖，一樣甜中透著涼涼薄荷氣息，那時還沒「青箭」，還沒一切口香糖。這「白雪公主」的甜涼氣味消散得快，卻可嚼之再嚼，還可吹出個大泡泡，那可是孩子樂此不疲的事，時不時便比賽著誰吹的泡泡最大最圓。

兒時巧克力是稀世珍寶，進口難得，在地廠商便土法煉鋼製造出一堆顏色棕褐、隱隱帶些人工香料的巧克力，它們都有一個共通處，就是難以融化，就算嘴裡再高溫再多口水，也難融解那臘質的頑強，真的很好奇是用甚麼素材製做的。升小五時，市面突然出現一種牙膏狀的巧克力，打開帽子，會有濃稠深咖啡色的液體流出，舔一口在嘴裡，倒是滿滿巧克力香，價錢特別貴，也只吃過一回，且是省著分了好幾天吃，最後還努力將那錫質管狀包裝用鉛筆滾了又滾，壓榨出最後一滴汁液才罷休。

其他，是有一些零嘴可遠離色素的荼毒，但卻不太知道是何物，如學校福利社賣的小包裝顆粒狀如麥仁的東西，似乎用醬油炒過，焦香焦香的，另一是像榕樹鬚般截成五公分長短，用紅紙頭紮成一小綑一小綑，嚼著有肉桂味，是少數我欣賞不來的零食。

說起學校福利社，那真是令人又愛又恨的，是因為不鼓勵孩子吃零嘴嗎？整個學校兩千多個學生，那福利社卻只有一坪不到，對外還只開了扇窗，窗裡放著張桌，那桌上木架一格一格約莫十來個，每格十公分見方（爾後長大看過賣種籽的店，用一式一樣的格子架裝盛菜籽），各自放著不知所以的零食。每到下課蜂擁而至的人潮擠滿窗前，那景況完全像逃難時拚了命要爬進火車廂，我曾夥在這難民堆中努力想買包酸梅，幾次眼看就要逼近窗口了，卻又被買好退出的人給帶了出來，直至上課鐘響，裡頭坐檯販賣手忙腳亂的老師，也被搞到火氣十足的關上窗戶，我是甚麼也沒買到，還被擠到辮子散亂如瘋婆子。

對健康衛生還不甚了了的大人們也好不到哪去，塑膠袋還未出現時，報紙是最佳包裹材料，魚、肉用它包覆可吸血水，油條燒餅則可吸油漬，至於饅頭豆腐也用它打包，那就等著看油墨字跡拓印在白孚孚麵糰豆腐上，還來得個清晰，爾後複印機能做到的也不過如此。

真是甚麼樣的風甚麼樣的水，養出一代甚麼樣的人，小孩吃色素，大人忙著吃油墨及不明添加物，若再加上餿水油、工廠排污……，我們這一代和父輩，當然付出不小代價，端看癌症四十年來始終位列臺灣死亡之首，便知其凶險。然但凡闖過來好生活著的、我們這代戰後嬰兒潮的，卻在一切資源匱乏的島嶼，創造出世界級的奇蹟，真箇是「天將降大任於斯人也」最好的寫照吧！

蘋果的滋味

小時候蘋果是一特別的存在。

那樣的年代，唯一看得到的蘋果是「五爪」，美國進口，數量那麼少，該是特殊管道進來的吧！它不是一般的水果，而是以「禮品」存在著，一顆蘋果等值一籃橘子，換算陽春麵，也可抵好幾碗，所以即便是「禮品」，它也絕不是尋常可見的。

孩提能吃到的蘋果，總是外表打了蠟的光鮮，果肉卻脬綿到不行，甚至瘀傷發黑的都有，第一次讀到「金玉其表，敗絮其中」，即刻入腦的便是這五爪蘋果。年節時客人送禮，母親常會哀歎，單身漢叔叔伯伯總是不察下面一層椪柑的霉爛，若送的是蘋果，母親更會心疼花錢冤枉，不值呀！我們孩子是不管值不值的，看到那暗紅珍貴的果子，便雀躍不已，哪怕它像《白雪公主》裡皇后特調的毒蘋果，哪怕它一口咬下去實在稱不上好吃，但只要能在鄰居小蘿蔔頭前啃食，還是挺光彩的事。

後來，父親結拜兄弟、從小看我們長大的叔叔上梨山種蘋果種梨子，第一次吃到直接從樹上摘下的，才知道蘋果是脆的，紅玉也好、金冠也好，和之前的「五爪」完全是不同物種，想來之前吃到的多是海運且送禮轉手多次才到我們手上的，這又讓我想起以彼岸傷痕小說拍成的電影《假如我是真的》那瓶茅台酒。

高海拔的梨山即便盛夏，入夜氣溫仍會降至個位數，凍寒的需裹厚棉被入睡，高粱大麴也是必備的，我是愛極了那天寒地凍，腦子清明人也通透，清晨掬杯熱飲窩在廊下看著早陽從對岸山頭徐徐升起，看著大地一寸寸甦醒，心底的甚麼也活了過來。年輕能走到最遙遠的距離，也就是這兒了，自以為的放逐便是在此山之巔，自以為過不了的坎，也在這大山中緩解了。

因此，除了跟著父母夥著姊姊友伴上山，我也和大哥哥小童去過一次，另就是十九歲中秋，自行搭車輾轉來到近大禹嶺叔叔的山頭。

那次是銜命上山的，小毅子叔叔信賴我的廚技，蘋果採收期特找我為大家烹煮三餐，未想途中竟把隱形眼鏡給弄丟了，眼鏡也忘了帶，只得頂個六百度近視掌廚，偏偏高海拔氣壓不同，第一餐，菜半生熟就上桌，肉還帶紅也不察，真真窘迫到了極點。

那次在叔叔的山上，約莫把前半生的蘋果Quota都吃盡了，尤其那酸勁十足的綠皮金冠，更是吃一次胃糾一次。直至在北國青森，吃到爽脆甜香的富士才又對蘋果恢復了些信心。那次是和母親跟團一路從東京北上玩到北海道，深秋的東北紅葉遍山遍野，連那高原上的饅頭山都如彩虹分明，從山麓的綠漸次往上，淺綠、嫩黃、金黃、橙橘到火燒一般的豔紅山頭，之前繪本上看過，卻不知這彩虹山是真實存在著。

越過山區，大巴駛進青森縣境，遠處一片嫣紅綿延，是櫻？季節不對呀！直至駛近，才看清是一望無際的蘋果園，粉的紅的大的小的色色樣樣。巴士停在路邊，我們急不及待的下車哇哇驚呼，園畔攤販桌上陳列各式蘋果，最巨碩的有一足球大，粉豔豔的美極了，南國的我們多選這從未見過的稀罕物，販主周到的為我們分切妥妥帶上車吃，只是削皮時一刀滑過，竟削去一公分厚，心疼的驚呼出聲，卻止不住對方俐落刀法，唉！蘋果在青森是如此不值呀！

這足球大的蘋果仍不及富士香甜，至此，每至東瀛必先至超市買幾顆富士才安心，一次貪便宜買了一大袋，旅館冰箱小，室內暖氣足，怕摀熟了，便把那袋富士擱在窗外，初冬氣溫個位數定是無虞的，不料隔天起來，那袋蘋果消失個無影，會是誰？冒著生命危險攀牆八樓偷果來著？令人困惑呀！爾後和二姊說起，才知竊者是烏鴉，因她和我幹過一樣蠢事。

我的後半生，臺灣到處看得到各國進口蘋果，美國的、智利的、澳洲的、紐西蘭的……，走進任一家超市，迎面而來的便是滿山滿谷深紅粉紅各色蘋果，當然青綠的也有，如此遠道而來，卻平價的讓人嘆息，連一旁從小吃怕的香蕉都比它們價高，真是十年河東十年河西。

蘋果當然還會以不同姿態出現，蘋果汁、蘋果派、蘋果茶，果乾也有的。臺灣自產的蘋果汁加了添加物，自然是難以入口的，進口原汁原味又貴得吃它不起，所以旅居京都三個月，看到一百日元一公升的蘋果原汁簡直驚詫，在外遊蕩，常就一升蘋果汁、一盒壽司解決一餐，最好選傍晚時分進超市，所有熟食均有折扣，接著便選個綠蔭滿滿的路邊，美美的享受這健康超值餐，也是當時日行二十公里給自己最大的犒賞。

平時吃蘋果講究香甜，真做成派，我又喜歡偏酸滋味，所以選最普級的加拉即可，若仍嫌酸度不夠，那就得自己添些檸檬酸。一般蘋果派都會佐肉桂，但我始終無法接受肉桂的氣味，小時養的一隻阿迪貓嘴角常掛著涎液，當時並不知口炎這疾症，只記得那氣味的尖臭，至此「阿迪口水」便成了我們姊妹仨用來描述某種不名臭味，而肉桂便逼近這氣味，所以如何也無法接受食物以此入味，因此我的蘋果派只能純然呈現，以酥皮為容器，裝滿酸滋滋的蘋果丁，是飯後殺膩最愜意的點心。

臺灣因著種種原因，無視碳足跡從太平洋彼岸、從南半球進口，殊不知海峽對岸才是蘋果最大產地，年產量占世界一半。古時稱林檎但果實小，並不拿來食用，多只用作薰香、製成香囊，直至近代才經各方人馬品種改良，徒子徒孫在東北、新疆等地大量種植，新疆的野蘋果甚至可直溯數千至萬年間，被認為是始祖樹，爾後世界各式品種皆源於此。

進入二十一世紀後，逢聖誕，內地同胞常互贈蘋果報平安，其實蘋果在基督教故事中並不那麼正面，夏娃亞當在伊甸園初食的禁果——分辨善惡的果子，後人附會為蘋果，此後便讓這果子有些尷尬；希臘神話中金蘋果的故事也讓它染了層詭異色彩，而西方人普遍認為此果代表了愛情，這蘋果是不好隨意贈予人的。

現今「蘋果」卻成了最夯的名詞，那被咬了一口的蘋果標誌，是趨之若鶩人人都想擁有的。轉了一圈，「蘋果」又回到兒時的特殊存在，而那一口可是意味著從上帝那裡竊取來的一絲智慧？這竊盜行徑又讓我聯想起常在東瀛城市遨遊的鳥界天才——烏鴉。

東遊宜陽

我的姊夫是宜蘭人，他年輕寫詩用的筆名就叫「宜陽」。因此從小臺北長大的我們，除了苗栗外公家，外縣市跑得最勤的就屬宜蘭了，此外，還有姊姊另一女性朋友老家也在此，所以青春期不時會趁暑假來此住個三五天。那是個交通不甚方便的年代，一切要靠大眾運輸，但當時仍不畏困頓的跑了周邊不少地方，五峰旗瀑布、龍潭湖划船，似乎和現今熱門觀光景點如冬山河、梅花湖、抹茶山……並不一致，是自駕時代來臨改變了大家旅遊方式？還是那女性友人真不會帶路。

也許到訪多值暑假的緣故，宜蘭於我總是燥熱，通常從巴士可達位置，距景點還有段路程，便以最原始的雙腳徒步而行，印象中的郊區是如此荒煙漫草，泥地小徑迤邐綿長沒個盡頭，烈日當頭連個遮蔭也無，人都給烤化了，但似乎也沒甚麼好抱怨的，十五二十年少時的玩法就是這光景。

一次約莫過於無趣難耐，見路邊一檸檬樹上還留存碩果兩枚，在姊姊慫恿下跳下坡坎收成去也，未料採摘動作驚動一窩十來隻蜂，瞬間便挨了兩針，顧不得痛趕緊示警，二姊敏捷一溜煙躲至攻擊範圍外，大姊和那女友則舞著洋傘似擋箭牌的左右閃避，好在不是虎頭蜂，好在除我外並沒人給螫傷，但已撤離，卻仍聽得嗡嗡聲就在耳邊，原來是一隻蜂，腰給夾在傘骨間，待收了傘才倉皇飛逃，笑倒一旁花容失色四枚女子。

另一回，則是在路邊旱溝拾得小雞兩枚，頭還頂著殼，荒郊野外的不知如何安頓，只好帶回家養，取名「阿基」、「米德」，「阿基」沒養活，「米德」倒優哉游哉活到自然死，在那兩三年間，牠儼然家中老大，開心時隨小狗喝牛奶，把麵條當長蟲一口一條吸食一整碗，夜間放狗時，牠必守在門口，像點名似的過一隻啄一隻，眾狗兒郎對牠是敢怒不敢言只能抱頭鼠竄，牠如此自大自在活了三年，最終體態過胖心臟病發路倒在回家的小徑上。

還一次全員出動，為參與那宜蘭女性友人妹妹婚宴，除了一干「三三」友伴，連父親母親也相偕同往。白天即至的我們，先赴「龍潭池」一遊，見那池畔停泊數艘小船，便捉對兩兩下水泛舟，父親興味十足也跳上其中一艘，熟門熟路的操起槳來悠然於湖泊之中，是原在南京玄武湖練得的好功夫嗎？三兩小時戲水下來，眾兒郎多手起水泡，唯削瘦的父親水泡竟現於兩股，第一次驚覺多肉肥臀並不是那麼理所當然。

當晚喜宴採辦桌進行，街邊廊下十多桌我們獨踞一角，一下午的勞力活讓大家既渴且餓，菜才上桌便一掃而空，於是良雄和我便充當端盤阿桑，把其他桌客氣也好、真吃不下的菜餚全收羅回我們那桌大快朵頤，又嫌啤酒不夠冰，索性和大廚借了把菜刀，把冰磚砍碎放在大碗公任君自取，說真的，我從未喝過如此沁心宜人的啤酒，如荒漠甘泉一人便灌了半打，這是炎炎暑夏、這是鄉下辦桌才可能經驗的饗宴呀！

自雪隧開通，宜蘭又進入到另一個境界，不塞車四十分鐘便能到達，難怪房地產業者以「臺北後花園」廣告，果真不少天龍子民一窩蜂來此置產，但原以為的週末假日田園夢，卻全在龜行車陣中度過，若曾有一次幽閉在雪隧中、就一次的經驗，便足以喪膽。因此，很長一段時間是怯於東行的，要去，也絕不會笨到週末假日湊熱鬧。

前兩年疫情緣故，我們反其道而行又恢復了常往宜蘭的習慣，宜蘭河畔的堤道，未被修整至太過人工化，還保持著些許野趣，二姊竟然說樣貌很似多瑙河。在姊夫嚮導下，那些老街巷弄也賦予了不同意義，平時他說的奇聞軼事也鮮活起來，更加令人絕倒。

「吃」當然會是主要目標，多半時候進入市區，我們會先至「紅糟魷魚」報到，這家於一九六八就存在的「廟口紅糟魷魚」，原在昭應宮廟前擺攤，後才遷至中山路擁有像樣的門面，他們菜單就只兩樣，除魷魚便是香菇粥，那粥雖無啥奇特之處，但和油炸的魷魚倒很般配，其他攤子多是發泡川燙過沾山葵醬油的魷魚，入口難免有股鹼水味，此店雖也有川燙口味，我們卻總點酥炸魷魚便完全沒異味殘留，他們的阿根廷魷魚發泡得恰恰好，不軟爛也不費牙口，酥香彈牙讓人停不下筷子。這也是楊德昌的最愛，每值友人來臺北帶了這款小食，一通電話即刻報到，家常油鍋當然比不得店家炸得淋漓盡致，但楊導已吃得心滿意足。

另一常光顧的店家便是「順順鵝肉」，也是攤販起家，後成了店面，期間因應大量擁入人潮，便在一旁盤下近百坪的空間，好應付來此一輛輛遊覽觀光客，他們價錢平實，鵝肉多汁不柴，還能吃到在地風味小吃，如炸豆腐泡，是姊夫自小吃大的，並不講究火候，常以冷盤之姿上桌，佐以加了大量辛香料的油膏，講究鍋氣的我，覺得這道小食之所以受青睞，應和成長記憶相關吧！

在紅糟魷魚、鵝肉兩餐間，我們總努力擠進「原來豆花」，他們的豆花好大一碗，還可挑選三種配料，除一般豆屬圓仔芋丸，紅棗銀耳也有，裝在三只小碟裡，挺精緻的。若是冬天，除薑湯豆花，還有燒仙草可選，盛在砂鍋裡咕嘟咕嘟冒著煙氣，最重要的是他便宜，我們是從一份銅板價有找吃起的，這兩年漲至五十五元，還是物美價廉到不吃對不起他。

來宜蘭也常為補貨，滿街特產店忒多，我們卻只去在地人才會光顧的「老三源」，除了乾燥酥脆的蔥餅闕如，所有宜蘭特產該有的都有，膽肝、鴨賞、金棗及各種蜜餞，其他肉脯肉乾臘味也買得到，母親就特愛他們的肉鬆，誇稱世界第一，爾今死忠粉絲已不在，我們次次去，仍會攜些回來拌飯夾土司，送人都好。

我喜歡的是他的鴨賞，一片片切妥真空包裝，回家和青蒜涼拌淋上他們附加醬汁，便是一道開胃前菜，冰箱存著幾包，就不怕客人突襲。不過我更喜甚麼也不加，單純享受那燻香味，直接配白米飯，就可吃個沒盡頭。一樣下飯的當然還有膽肝，只是現今已不能像年輕時放懷大啖了。

若遇特殊狀況，比如有朋自遠方來，或某人發了筆意外之財（唉！以文字工作者來說，也多半就是書再版或得了某獎金有限的獎項），我們便會再往南走些，至羅東夜市旁的「小政」打牙祭，他們雖以店面經營，上菜卻似辦桌氣派大盤大碗，每道食材也都貨真價實，白斬雞大蝦就不說了，其他必然出現如紅蟳冬粉，足足兩只膏黃飽盈的母蟹鋪就一海盤滿滿都是，墊底的粉絲吸飽蟹蟳鮮汁，次次上桌便被大夥洗劫一空；他們的韭菜炒九孔也是一絕，韭菜花是只截取鮮嫩那段，一樣吸飽濃郁湯汁，於我是人間極品，二姊卻愛極了那一只只若雞蛋大小的九孔，第一回來此便被這鮮味小鮑迷到不行，趁大家杯觥交錯之際，悄悄地把一盤九孔全搜羅殆盡，待等酒酣耳熱的男性友人回過神來，不解喃喃道：「阿老闆怎麼炒了一大盤的咕菜。」把一切看在眼底的姊夫也只能吃吃暗笑。

我是在這兒，才認識到所謂的「西魯肉」，「西魯」是日語湯的意思，

「西魯肉」顧名思義該是有湯有肉的一道料理，但傳統作法卻是爆香蝦米蔥油後以大白菜為底，或加入切絲胡蘿蔔木耳燴煮而成，有些似臺式小吃店賣的白菜滷，唯不同之處在於最後會在羹湯之上撒滿炸妥的鴨蛋汁，讓湯頭多了份葷香，以補足古早缺肉的那一味，這算是宜蘭特有料理。「小政」的「西魯肉」味道很正，不似一般閩臺料理，尤其是羹湯類的總多了份甜滋滋。然，現在要想再吃「小政」也不可能了，他們到底沒撐過疫情，令人嘆息許多特殊料理成了絕響。

我們還會去的是內埤，穿過南方澳漁港，迂迴曲折的來到外緣，那海灣便在眼前展開，這裡曾喚作「賊仔澳」，因為隱密又適合船隻停泊，清時是走私之境，爾後竟曾淪落至垃圾傾倒處，好在民國七〇年間終止了這駭人行徑，如今沙灘上被海水打磨成寶石的琉璃，就是當時從崖上傾倒的垃圾玻璃瓶遺骸。

因是週間去，人煙永遠稀落，有時就只我們坐落咖啡館，享受海島特有風情。大姊第一回來便選擇最素樸的「ＷＥ」，水泥牆水泥地，不致干擾落地窗外的自然海景，流淌的爵士樂讓時間到此變得很慢很慢。

眾人閒聊時，我會在沙灘上撿石頭，或扁或圓的石頭上總有奇特圖像，我以為它是臥在暖陽下的胖橘貓、是神采飛揚的哈士奇、是《聊齋》裡的半狐半妖……，忍不住拾回家，把看到的一一用畫筆讓它們浮現眼前，隨即又覺多此一舉，塗脂抹粉不如讓它們維持原來模樣，就如那海灣，願它永遠潔淨天然。

我的果子地圖

回臺北安居已滿七年，時常四處遊走，街頭小吃固然有番心得，但最縈腦海的還是一張專屬自己的果子地圖，循著節令按時遊走，便有滿滿的收穫。

孩提物資匱乏，且口袋沒錢，嘴饞時就得靠自己解決了。那時遍地酢漿草，粉嫩的花絮開滿路邊野地，我們鍾情的是它的莖葉，可以拿來剝了莖鬥草玩，也可直接放進嘴裡咀嚼，酸滋滋的很有意思；扶桑待花將落時，吸吮那近花蒂的蜜，甜滋滋的又是不同享受；龍葵果紫黸黸的，味道是葡萄加番茄，很受我們青睞，一次在放牛草坡上發現整片龍葵果，食不盡，摘了揣在口袋裡，打算玩夠了再吃，不想蹦啊跳的，爆漿龍葵果染得白短褲一片藍紫，回家給狠狠罵了一頓。至於那偶然出現的野草莓，雖小若指尖，一旦發現，便如中了獎的開心。

除了野果，鄰家的芭樂石榴枇杷也是我們覬覦目標，記得我們這排眷舍邊間，住的是冷面殺手阿平，大家一淘玩時，總有個不成文默契，大的要讓小的，男的要讓女的，阿平卻全然漠視這潛規則，奪寶、躲避球、過五官斬六將，他是男的女的通殺一點也不手軟，最可怕的是我們所謂的「壘球」，守備員接到擊出的球，可直接擲球格殺跑壘者，這阿平出手既狠又準，還專挑揉不得的屁股下手，且掉進陰溝的球，他是甩都不甩，連湯帶汁的直接命中目標，所以每當輪他守備，女孩各個莫不花容失色。

偏他家後院就種有兩棵芭樂樹，土芭樂未長成又乾又澀完全稱不上可口，但對孩子就是誘惑，一次我們夥在他家隔壁玩到沒得玩了，便動起那幾顆乒乓大小芭樂的主意，觀察良久，再三確認緊閉門窗的阿平家是無人狀態，我這孩子王便被推舉為摘果人，悠悠盪到後院先還裝著蒔花弄草的，當隔著籬笆伸手正要採果時，不知已等了多久的阿平唰的拉開窗子得意大呼：「告你媽說！」

頓時天都塌了！我們家甚麼錯都可恕，嚴重的說了甚麼不好聽的話，頂多換來母親「去拿鐵刷子刷刷嘴！」但偷竊行為是如何也不可輕饒的。那晚家裡宴客，我挨到不能再挨最後一刻才回家，忙前忙後的母親看了我一眼切齒說：「等會兒再算帳！」又一次的天塌地陷。那晚，我曉事的早早上床睡覺，第二天不用人催，速速吃了早餐上學去也，母親竟也沒再追究，我莫名的就此逃過一劫。

我們眷村後緣是一脈山林，最外側臨馬路是公墓所在，馬路終點大廣場用來停交通車，一早車子載爸爸們至總統府上班後，那大片空地便是我們嬉戲玩耍的場域。少棒正夯時，大夥兒也會集資買個小皮球，尋根合適的木棒在那兒打克難棒球，最怕的就是小皮球挨痛擊後飛至墳墓堆，那是孩子們的禁地，充斥繪聲繪影詭譎靈異故事，如深夜遍布磷火點點，如黑貓躍過會喚醒長眠逝者，如一場暴雨沖刷棺槨外露……，以致明明是全壘打卻總換來大家的哀歎，除非財力雄厚能自掏腰包再買一個皮球，不然就得乖乖爬上坡在零亂墓碑間尋尋覓覓。因此我們多少會知道那坡上的野草莓忒碩大、幾株桑椹果紅到發黑，但沒人敢吃，孩子都相信那是吸死人骨頭才長得如此奇葩。

這墳墓山旁緜延的仍是一片廣袤山林，其間有池塘、有相思林，還有一個柚子園。池塘裡魚種豐富數量也多，用最簡易的竹竿繫個浮標魚鉤，及自家院裡挖到的蚯蚓，鯰魚鯽魚鯉魚便會乖乖排隊上鉤，媽媽一度迷上釣魚，每天清晨提個水桶攜根釣竿到池塘報到，中午還要幫她送吃食去，無聊的我只好摘食一旁橙豔豔的構樹果子打發時間，動作還得輕巧，不能驚動準備上鉤的魚兒。有時母親收工遲，連晚餐都擔擱了，釣回的魚也不吃，養在大水缸裡，養不下放回池塘再釣，有些姜太公的況味。

那相思林則是孩子們嬉戲所在，夥在林間玩「殺刀」、「官兵捉強盜」、「一二三木頭人」，那一棵棵杵著的樹幹，既好躲藏又易標的，是很適合玩耍的地方，唯要小心牽絲吊掛下來長得像有犄角中國龍的毛毛蟲。不遠處的柚子園春天白花滿樹，香的令人有些難以消受。接著整個夏天便看著那柚子貝比從李子大小逐漸長成，圍著的鐵絲網固然讓我們親近不得，那墨綠青果也不好入口，因此總能逃過孩子們的利爪。不過每次約好去後山遊玩，以這柚子園為聚集點卻總會出錯，總有幾枚蘿蔔頭聽錯跑到村子另一頭的「幼稚園」傻等，之後再怨聲載道互相埋怨。

爾後住山旮旯子時，周遭具是未經開墾的野地，於我真箇是遍地黃金，昭和、咸豐、山蘇、魚腥草、假人蔘……多到食之不盡，野果山棕、龍葵、構樹……則是走到哪兒吃到哪兒，若連小鳥撒種的百香果、桑椹算在內，那真是不怕餓死的。反而自己栽種的蓮霧、筆柿、咖啡、黃肉李、大白柚多留給鳥獸吃去，這是個甚麼樣的心態呢？野果野菜永遠比家種的好吃？至於那遍布河畔的野薑花，煮湯燴義大利麵都好，後來知道附近花園餐廳收購含苞待放的野薑花，每天清晨便忍不住來到河邊踅一圈，滿滿一袋交給來幫忙的阿姨，一斤三四百，也算員工福利吧！

從小練就辨識採擷的好本事，以為蝸居臺北成屠龍之技再無用武之時，不想日日以雙腳遊走這城市，遂又發現綠意盎然的大街小巷一樣藏著珍寶。敦化北路小巨蛋旁種了幾株楊梅，每到初夏便一樹毛絨紅果高掛，墊個腳便能採擷得到，酸甜酸甜令人精神一振。若不拐進巷弄，往北再行，近松山機場的小公園旁有棵獨樹一幟的雌桑，矮個子的它每值春深都會結碩大的桑椹，雖是適合製醬滋味清淡的品種，但那有一個指節大小的果實含在嘴裡還是充實。

若右轉橫切進巷拉鍊式走法，那一戶戶老房子都別有洞天，有的翻新成餐廳咖啡館或個人工作室，有的還住著人家，最令人羨豔的是每家都有個大院子，有的甚至大到不知發生了甚麼事，這在寸土寸金的天龍國何其偉大。而這些院牆裡的果子花草色色俱全，生怕「阿平事件」重演，只能遠觀不敢褻玩。

往東走至富錦街，三不五時便會遇到公園，乍暖還寒時櫻絮如雲，晚春則滿樹櫻桃、滿地落果，不採摘是對不起它的，那熟透發黑的果子苦甜苦甜的，全天龍國屬它最佳，每逛至此總把自己吃得一嘴紅，像個吸血鬼般。

「安森」六七月許多角落拾得到蓮霧落果，青澀澀看似貧血，吃起來卻是爽脆清香的，興隆路海巡署前亦有一排土蓮霧，若遊走時水喝盡了，生津解渴的蓮霧落果是很可救急的。土芒果到處都是，但樹高難採，只能等它自動掉落，所以樹長在哪兒就成了關鍵，水泥地紅磚地就別想了，熟果落地就算不砸個稀爛也內傷至無法啃食，目前會讓我坐樹下等待果陀的是瑠公圳公園、忠孝建國南路交會的停車場旁，因這些芒果樹下都有一片泥地草地，落果摔下頂多輕微瘀傷。我也曾在南京西路「天廚」前的紅磚道上發傻時，險被一顆金黃土芒擊中，它滾落在樹根小小一方泥土地上，我如獲至寶撿了也吃了，是此生遇過滋味最足的土芒。

河堤也是採果路徑，從大稻埕切進河濱往南走，一路是酸甜多汁的小葉桑和構樹果，若值國慶前後，那麼雁鴨公園的火棘果也是食之不盡，這紅果只有藍莓大小，近土芭樂的青澀很有意思。河道上溯景美溪至寶橋一壽間，河堤步道才是臥虎藏龍，山櫻日本櫻土芒不說，還有一排錫蘭橄欖，客族喜拿它煮熟當零嘴，也有的製成酒，聽說不錯喝。我會用甘草加點鹽和糖煮食，就成了二姊自小即愛的醃橄欖。

政大對岸近恆光橋的河濱公園則暗藏著西印度櫻桃，會說暗藏，是因為大家似乎並不知道它可食用，果皮鮮紅至極，約莫就嚇退不少人，但其實它的維他命C可是檸檬的百倍，吃在嘴裡自是酸到令人齜牙咧嘴，對酸沒有些承受力的是無法消受的。吃完這些紅果攀上河堤，往道南橋方向走，沿途幾株錫蘭橄欖，開春時節，可撿拾到無數落果，顯然識貨者不止我，常看年長婦人也在此撿了好大一袋。

這終年夾雜著紅葉的錫蘭橄欖也出現在臺大校園，但我們來此採擷桂花的時候居多，行政辦公室窗外便是密密叢叢桂花林，年少時就和二姊常來此採了帶回家給父親製做桂花釀，父親走後、家裡兩蓬桂也成蔭後，便沒再來此採擷了。

另外在文山區靜心小學附近，會元洞清水祖師廟後的興福公園，竟發現了諾利果，那是自小在外婆家吃大的，日據時期徵召南洋的外公從菲律賓攜回種籽，從育苗長成棵大樹，每年暑夏便會在粗幹上結出一顆顆大若愛文的草綠果實，表皮帶些微細刺，熟透時果肉軟爛，去皮捏碎一粒一粒如釋迦帶籽，加水加糖調勻即可食用，那特殊香氣、口感，真是令人戀戀。外公逝後，此株諾利果竟也跟著枯萎樹倒，我以為再也尋它不著，意外的竟在這公園發現，拾了一枚砸地裂果，回家趕緊捏呀弄的回味童年，不想二姊食後臉竟紅腫到不行，就醫後才知是口腔原有傷，遭污染嚴重發炎的緣故，為此特去買了個伸縮大漁網採摘，落果是再不敢撿拾了。

性喜城市遊走的，自有一張地圖在心中，或美食或老房或老街，外甥海盟花十年日行二十公里走出他的臺北水路，而我，卻不太有出息的走出一張屬於自己的果子地圖。

貳
外婆的餐桌

外婆的餐桌

外公娶外婆時是個窮醫學生，還是鄉親集資才完成學業的。而外婆是富賈之家捧在掌心長大的，曾留學日本，是有見識的美麗女子，她和外公是自由戀愛結為連理的，公太會答應這門貧富懸殊的婚事，多是和自己白手起家擁有的創業氣魄相關，而外公也不負丈人慧眼，不止靠他醫學所長成家立業，也一生鍾情妻子一人，臨終前還戀戀尋找那早他二十年離世的妻子，外公是九十七高齡仙逝的。

外公疼惜外婆，從沒讓她上過一天市場，也沒讓她下過一天廚房，印象中的她永遠是旗袍上掛串珍珠項鍊，地道醫師娘的裝扮。小時回外公家過寒暑假，每天早餐時分，身著客族布衣的阿太會從兩條街外挽個大竹籃踅來外公家，吃著早飯的同時，便會聽著外婆叨叨絮絮的交待買這買那的，既要餵飽一家子及雇員十多口人，還要從其間苛苛儉儉存些私房錢，阿太是親媽唯可信賴的人，多年下來，外婆去世前，帳簿裡竟也積攢了三四百萬，外公臨老雇請看護，也全從這筆存款支應。

以外公行醫執業的收入來看，三餐雖不至寒磣，至少是儉樸的。大魚大肉是只有逢年過節才會出現，平時青蔬居多，下飯的常是梅乾菜拌豬絞肉、團成丸子蒸熟，這倒是我至愛的，海味也以鹹魚居多，除了清煎青花魚乾、鹽漬小烏賊，還有一道應是熟鰹魚肉條，比成人拇指肥厚、十公分長短，和薑絲煎至金黃，淋上醬油煸香收汁，又是一盤有洗腎隱憂的極下飯菜。

幼時曾寄住外婆家兩年的二姊，是怕極了客家餐桌上的這些菜餚，其他像是自製似蔥似韭的蕎頭、蹦脆的蘿蔔乾，以及被外公醃漬成鹹死人不償命的紫蘇梅，二姊是一上桌嘴角就向下癟，非得外婆搬出私藏肉脯、炒花生方能破啼好好吃完一碗飯。

這花生是外公山上自產的，每年佃農一大簍一大簍送下山，接著一下午全家動員剝殼，我們小孩總在一旁伸手伸腳的，但沒剝幾顆手指便生疼，只能歪在一旁聽大人打嘴鼓，當然，外婆是不動手的，她會坐在藤椅上搖著蒲扇監工。待等剝妥，便把花生置入大鐵鍋和砂石一起翻炒，火不能大，需時時調整柴薪，是費時又費力的活兒，起鍋篩去砂的花生待完全冷卻，再裝進瓶罐裡，一瓶一瓶被外婆珍藏在櫥櫃裡，等閒不拿出來享用。

說到肉脯那更是金貴，製做過程一樣耗時耗工，每當製做前，司廚兼看顧孩子的春蘭阿姨總會備妥大疊柴薪，並叮囑我們這些屁孩不得胡玩亂跑，一旦起灶燒鍋便得時刻守著，炒肉脯需掌控好灶火，這不是瓦斯爐調整開關即可，且為了讓每紮肉絲受熱均勻，需不停翻炒，如此這般耗時一個下午跑不掉。成家後，因太想念那滋味，曾如法炮製，卻怎麼也做不出一樣金黃色澤的肉脯，總是混雜著焦棕色，唉！全是耐心問題，要守在鍋前翻炒兩三個小時，對現今職業女性真是難邁過的坎。

在肉品還珍貴的年代，肉脯是可當補品看待的，唯在外地的舅舅們可享用，我們這些女娃偶爾分得一撮半口，總是捨不得立馬吞嚥，會咀嚼再咀嚼，讓它化成齏粉再滑入肚腹。長大後，市售的肉鬆肉脯遍地都是，但總是甜過頭，有些甚至還添加麵粉、香料，實在欣賞不來，外婆家那單純滋味的肉脯真是令人魂縈。

外婆家還有一味令人夢牽，那就是柴薪煮出的大鍋米飯，除了新米蓬萊的馨香決不同於眷糧的在來米陳舊味，且鍋底總有一層勻勻的鍋巴，那金黃焦香吃多少也不厭，醫生外公卻說鍋巴不好消化，拿來餵雞鴨吧！為此盛飯時，我總會把鍋巴埋在碗底，坐離外公遠遠的，一口一口慢慢咀嚼，不配菜乾吃即可。有時吃得不過癮，便趁春蘭阿姨拌飼料時再抓些來吃，還曾被一旁隱忍已久的火雞，飛撲頸背抓得我頭髮頭皮快分家，至此對那貌似外星人的生物敬畏萬分。

外公家院子大，除了自由行走的火雞，院牆角落用籬笆圍了兩坪大小的空間，養著許多病患送予的雞鴨，這是鄉間人情味，病癒送，沒錢付醫療費的也送，外公出診若遇著貧困人家，有時還會掏光自己錢包，所以那院子角落永遠是熱鬧的。

這些雞鴨年節時就倒大楣了！很記得除夕一早，母親、舅媽和春蘭阿姨總會蹲在井邊殺雞殺鴨，那外星生物火雞也不得倖免。我是不敢參與那殺戮場面的，但我知道大人們會將血用小碗接了，之後煮雞酒擱入湯裡，透熟了呈半圓形的雞血會像月球表面一樣布滿坑洞，咀嚼時會黏牙，這是我敢吃的。

小孩是最沒同情心的，當看到大人用滾水燙過已宰殺的雞鴨，我們便會湊近幫著拔毛，等掏出內臟後，阿姨便會把一團團雞腸扯直，並發一支竹籤給我，讓我把腸扯開洗淨，最後綁成一小捆一小捆，煮雞酒時置入其中。即便兩手泡在寒冬冰水中給凍得紅咚咚的，但能像大人一樣做活兒，仍是讓人開心的。

那川燙過的內臟一樣丟進雞酒湯裡煮熟沾醬油吃，不過多半時候，這些珍品是只有一家之主外公可享用，要不就是外婆特別珍愛的孫輩可分得些許，二姊便是其一，大姊對吃不貪，我則太小，分得雞血雞腸便心滿意足。

外婆外公視作珍品的胗肝心，從尾部掏取時要格外小心，肝給扯爛了自然不妥，更怕的是扯破膽，那苦便會沾染所有臟器。過程中我最在意阿姨劃開胗子時，總好奇裡面有些甚麼，就曾在鴨胗裡看過魚鉤，直接嵌在胃壁，那會多痛呀！其他砂粒、小石頭也常見，最早的生物解剖課，我是在外公家的井邊學得的。

爾後長大，是碰都不敢碰這活兒，上市場遇活體的雞鴨魚總都繞道而行，我真慶幸，自己不是客家媳婦，自己不是生在那樣的時代。就曾聽大舅媽感念過我的母親、她的小姑，當年新嫁娘不敢殺雞，是如何受母親庇護代為操刀的。而以我的理解，母親在自己家也是不殺雞的，從阿太或外婆那兒帶回的活雞，常是養個一兩天取了名字，就如領了免死金牌任牠們院子裡遊走至天年。

這些自家養的雞鴨多是煮熟抹上鹽酒，懸掛在天井旁的竹竿上，一排十來隻，臘月、年節期間天冷就這麼保存，待人客上門，剁上一隻半隻就讓餐桌澎派起來，這些油汪汪的雞鴨是可一直吃到元宵，期間兒孫南回北返的，依外婆的寵愛程度也可分得半隻一隻不等。

外婆是疼父親這外省女婿的，只要父親回來，院裡便會另起爐灶，蒸煮一臉盆的焢肉，裡頭必有一完整的蹄膀，有時火雞也會置入其中，經一整日的燉與蒸，那火雞肉的柴便消減太半，而那焢肉更是用筷子一劃即開，飯桌上，外婆總一挾一挾連皮帶肥的往父親碗裡添，還念念叨叨：「唉！只有青海奈何得了！」青海是父親的本名，外公家都這麼喚他，平輩小輩則稱呼他「阿海伯」。

外婆家的年菜還有雞鴨高湯燉煮的筍乾及長年菜，筍乾加了自家醃漬的酸菜很是殺膩；那反覆燉煮以致軟爛的長年芥菜，對牙口不佳的父親也很適口，所以母親真傳了這兩道傳統客族料理，成為我們家必備年菜。炒內臟也是客族所長，薑絲炒大腸是一定有的，其他或粉腸或豬肺佐以鳳梨木耳爆炒最常見，唯生腸是醫生外公排拒的，所以不曾出現過。我對內臟始終多了些戒懼，但那該是水果的鳳梨竟出現在菜餚裡，實在是太有趣了，為此，倒十分期盼類此料理上桌。

外公在吃食上是很能享受的，他喜歡螃蟹，喜歡自製醃漬物，喜歡甜食，每餐飯後他必要以甜點收尾，一口即可，我卻是吃了甜的，必要以鹹食殺膩。曾喝過他沖泡的即溶咖啡，一小杯竟加了五匙糖，險些給嚇壞，我即便喝咖啡不加糖不成，但五匙糖是不是太誇張了。外公的醫師身分是會有一些忌口，如內臟裡的生腸，是因他接生經驗的緣故？其他像鍋巴有礙健康的也有，外婆因有心血管之虞被控管著肉食，但只要外公出診去較遠的地方，前腳才出，外婆便會攜著還稚幼的二姊至附近館子點個半隻白斬雞解饞。

這樣「上有政策下有對策」的，還會發生在每個月外公外婆伉儷倆至臺中看電影吃日本料理時，同樣的，火車一起動，春蘭阿姨便把早已備妥的禁物起灶開鍋，一次炒的是外公嫌髒又有寄生蟲的田螺，滿滿一鍋早洗淨吐好了沙，加大把紫蘇、大量蔥薑蒜，大火又炙又炒的，端上來整整一臉盆，站著坐著一圈人吃得好不盡興，紫蘇味、蔥薑蒜辛香，讓那田螺滋味十足，年紀小的我也吃得開心極了，很記得那田螺裡有卵，咀嚼時沙沙脆脆的，是沒有過的經驗，長大後和春蘭阿姨說起這事，她竟忘個精光，畢竟這在外公家是違規行為，早該忘個一乾二淨。

外婆終其一生未上市場未下廚過，到底是幸或不幸呢？這兩件事占我生活極大比重，快樂泉源也多來自此，真的很難想像生命中減去三餐的操作，會是多麼蒼白，外婆是不是因此錯過了許多？但同為一個娘胎出生的兩位姊姊也是不下廚的，每每被廚房洗刷工作擔擱時，都會發出「浪費生命」的哀歎，或許真只能以「一種米養百樣人」可解釋了。

母親的餐桌

即便到今天，仍不時會聽到同年友人或長輩，真誠的誇讚母親的廚藝，且點名某道菜某種湯品是他們至今難忘的，有些還稱許母親極富創意，餐桌上出現的常是他們見都沒見過的料理，這總讓我們做女兒的既驚且歎，怎的和我們所記得的差別那麼大。

這差別或來自習以為常不覺有何特殊，或許也因爾後家裡食客多是少年十五二十郎，各個食量大如虎，端上餐桌的只能以量取勝，大鍋大碗大盤才餵得飽人，所以母親後半生下廚多是體力活。年過五十後，母親也鮮少上市場，總是以電話和熟稔的攤商訂貨，米粉、麵條乃至餃皮都是十斤起跳，豬肉雞肉也是量大到讓人以為我們家是開餐廳的。

我倒是十分懷念兒時和媽媽上市場的時光，平日不說，週末家中永遠是宴客日，清早我會像個小跟班尾隨至幾百公尺外的菜場，除了幫忙提些零碎，更想蹭頓早餐，媽媽採買同時，我便坐在攤子大鍋前吃碗熱騰騰的米粉湯，點份最便宜的油豆腐，再心滿意足的去找媽媽。她總認準那幾家攤販，所以很好找，最後也定會踅回一婦人處，買一袋零碎沒賣相的豬血，沿途一路餵流浪狗回去。記得那豬血是浸著水裝在白鐵水桶裡，那婦人總盡可能的把碎渣渣撈乾淨，也盡可能的便宜賣，她可知道媽媽是要拿去餵狗的？

回到家後，我會幫媽媽些小忙，剪蝦鬚挑黑腸，處理墨魚的內臟，一開始不懂得凶險，後來才曉得清理墨魚眼睛時需浸在水裡擠壓，才不致被噴得一身紫黑墨漬，而墨魚內臟裡不時出現的小魚，完整到讓人詫異，原來許多生物獵食完全不講究口感滋味，單純只為飽腹而已，比較之下，人族在吃食這事上遠遠複雜多了，這是兒時當廚房小幫手的深刻心得。

其實在廚房打下手能幫的真是有限，所有菜餚都靠媽媽一人完成，宴客時她會試做新菜——或從鄰居媽媽那兒學來的各省料理，或隨父親赴宴偷得的菜單，經她想像改造，便成了家裡宴客菜餚，成功了便時不時再次出現，像炸蝦丸、珍珠丸子、獅子頭，這些在當時都算功夫菜，因那時還沒有絞肉販售，需買妥大塊五花自行剁碎，連蝦泥也是自己處理的，這是很需要要耐心和熱情的。

母親的獅子頭不知師從哪位哪省鄰家媽媽，絞肉中拌了細碎的饅頭、捏碎的板豆腐，加鹽、醬油無需摔打，直接團成柳橙大小，置入已鋪好黃芽白墊底的砂鍋裡，再擱些木耳菇茸，最後仍以黃芽白覆蓋，水沒至肉糰即可，因菇和大白菜還會出水，湯汁只以醬油調味，若怕色澤太重，便可略加些鹽替代，蓋鍋悶煮半小時便可，這道菜不怕回鍋，所以母親總是一做就一大鍋，隔天焯麵淋上湯汁及已熟爛入味的白菜菇屬、入口即化的獅子頭，也是極美的一餐。

母親的粉蒸肉是二姊少數青睞的菜餚，我則喜歡腐乳蒸肉，這兩道都需雙層肉烹製，若至肉攤說「兩層肉」會較好溝通，且需叮囑多留些肥，肉才不會太柴。腐乳肉需南乳輾成泥，裹在切成三五公分見方的雙層肉上，置入不鏽鋼器皿裡以微火加熱上色入味，再蒸一個鐘頭左右即可，那粉色透熟的厚肉片觀之極美也極其下飯，我是不捨淋湯汁，總留做下一頓稍稀釋下冬粉，一樣賞心悅目呈粉紅，一樣滋味鮮鹹。

這我們以前喚為紅豆腐乳的南乳，現在並不好買，曾訪遍整個迪化街，只有一家販售，且需整缸買，那至少五斤的玻璃罐是要吃到猴年馬月呀！再怎麼嗜吃，也不敢這麼玩法。為此分外想念孩時，只要攜個小碗至雜貨店買個三四塊即可，每次跑腿，媽媽都會叮囑請老闆多舀兩匙湯汁，一次不知哪根筋不對，回程路上竟異想天開把小碗擱在頭頂，學印度人搖晃兩手走回家，未料腳一崴，小碗扶住了，那湯汁卻潑了一頭，回到家媽媽接過豆腐乳，只疑惑老闆如何變小器湯汁給那麼少，完全沒發現她小女兒一頭的紅乳汁。我的無厘頭遍布整個成長幼兒期青少年期，媽媽約莫知道也是見怪不怪了。

有段時間我特愛媽媽的涼拌大黃瓜，那段日子，和玩伴們總喜歡把身子扭曲到一種地步，想看看它的極限在哪兒，聽聞醋酸能軟化骨骼，因此涼拌大黃瓜便更具意義了。這夏季常見的消暑涼拌，不過就是把削了皮的瓜肉切成滾刀塊，撒上黃糖、淋上白醋即成，冰鎮後吃之不足，我是連那酸甜湯汁一滴都不放過，頓時覺得自己的骨架又柔韌幾許。

我總央求媽媽隔日再做，連續幾天，一旦見不著它的蹤跡，便嘟嘴抱怨，媽媽說：「一直吃會厭的，你不厭別人也會厭的。」我完全不懂如此好吃哪有可能厭倦：「以後我當媽媽了，一定天天做這涼拌大黃瓜給小孩吃。」媽媽後來詫笑的轉述給父親聽，我的無厘頭又多添了一筆。

媽媽的家常料理許多是我敬謝不敏的，像綠豆稀飯便是其一，白米稀飯是我的最愛，一餐五六碗沒個底，綠豆湯冰涼飲用也還可以，可是為甚麼要把這兩者混淆一氣，鹹菜醬菜全無用武之地，加了地瓜的稀飯一樣讓人氣惱，每當媽媽端上這兩種粥品，都令人懊喪到想哭。另一樣糊塗麵也是讓人欲哭無淚的，常處趕稿狀態的媽媽為搶時間，常就下一大鍋爛麵條，裡頭只擱了不怕煮的綠豆芽和蛋花，於我來看，完全是嘔吐物的形貌，我是寧可餓肚子死也不動。

近日和姊姊聊到母親的餐桌，未料一向挑嘴的二姊，在母親諸多料理中，這兩道吃食竟是極少數她能接受的，這和她自小喜食軟爛有關，時至初老更是，連青蔬都要煮至不扎口，主饋的我為此很是煎熬，明明鮮綠爽脆就該起鍋，卻得悶至熟爛，大姊近年也偏喜過熟，而姊夫甥兒及我們母女，卻喜爽脆，飯桌上分兩國，甚至多國，掌廚的人真是煎熬，就很記得少時的母親常敞著冰箱哀歎做甚麼好呢？顧此失彼的主婦難為。

父親口味重，且是無辣不歡無臭不愛，這臭包括了蝦醬、臭豆瓣、白糟魚、臭豆腐乳……，和白糟魚一樣的臭豆腐一定得蒸食，才能突顯它的鮮美臭香，那臭豆腐乳則直接用蔥段沾著吃，用來抹熱饅頭也是有的，至此我都還跟得上，其他如臭蛋便跟丟了。二姊對父親這些偏好，向來敬而遠之，中年後失嗅的她，似乎不再那麼排斥這些異味，甚至對蒜韭、花椒胡椒這些辛辣調料情有獨鍾，每當如今的她大啖韭蒜之際，不禁便要發出：「打打（父親）看到都要哭了！」的哀歎。

父親總是親力而為他這些私房菜的，平時不管是母親或我們做女兒的斟杯茶，他也會起坐欠身道乏，怕勞煩人的他當然是自己的口腹自己解決，父親的活兒真是細膩，辣椒塞肉從劃開紅椒剔籽，到妥妥的把調好味的絞肉餡填進辣椒肚腹裡，擺在白盤上每只都像藝術品，接著下鍋煎透，起鍋前淋上醬油、醋，便是最好的下飯菜，這道料理總要花他一下午的功夫，餐桌上若有人和他共享，父親會開心至極。爾今，見二姊不時在江浙攤子外帶青辣椒塞肉，這又是椿會讓父親哭笑不得的事吧！

父親做工細膩，吃食一樣欣賞小碗小碟，面對母親大鍋菜卻從不抱怨。母親具代表的隨性之作就是大鍋麵，前天剩菜燴一鍋，麵條煮得糊塗熟爛，這該是當初奔赴父親暫住外省表親家的標配早餐，除了真愛吃，應還有飲食文化的衝擊，還有對那段日子的戀眷，至此，母親對麵食的胃口就此停格。前日做煨麵，八分滿的高湯卻只挾了幾綴麵置於碗中，大姊感歎這該是父親的最愛卻終不可得。

父親走後，母親主饋仍是大鍋大盤上桌，家中只四五人用餐，她一樣收不住手，為此，二姊很是怨聲載道，一道菜回鍋再回鍋，色香味俱不可辨，確實令人倒胃。住外頭的我不時會接到二姊電話，痛訴母親拿煎過魚的殘油炒菜，滿鍋粉腸豬肚撈不到湯，豬腳一滷一海鍋直吃到人投降為止……，一回年節期間回家吃飯，二姊指著桌上一盤豆豉蒸鯧魚比出個七的數字，才知這魚如孟獲已七上七下餐桌了，若連號稱「剩女」專收拾剩菜的大姊都束手，這魚確實該鞠躬盡瘁下臺了。

近年回返臺北與姊姊共老，住附近的我，三餐幾乎一起，尤其晚餐共食最常，姊夫廚藝精湛工序細膩，多派任於貴客臨門時，平日家常則多由我掌廚，要餵飽人不難，但要把眾人的胃熨燙妥貼就不是容易的事，大姊好青蔬、姊夫重鹹好下飯、外甥穆斯林，失嗅多年的二姊畏鹹畏甜只求鮮，三菜一湯要滿足所有脾胃，真真不易呀！以致若有道菜能受眾人青睞，便忍不住加量且頻繁上桌，終至討饒之聲出現，才乍然驚覺母親魂上身。

從最初招呼父親軍中袍澤，到中期文友薈萃，乃至爾後「三三」時期，母親的餐桌饗享了多少口腹，天底下沒幾個女性同胞做得到呀！我們女兒抱怨歸抱怨，也永遠的自嘆弗如，至於父親，也永遠無需擔心來家的朋友學生餓肚子，這應才是他最在意最感欣慰的吧！

我的餐桌

近日老同學聚餐，說起少年往事，發現自己在老友心底的人設竟和真實的我差距頗大，人設中我是不食人間煙火的存在，這當然和工專女孩少，即便不願意但仍被當寶看待有關。家風緣故，我最怕和「公主病」扯上關係，為此只能和老同學一再強調，我是很食人間煙火的，且還樂於下廚製造煙火的，看眾老友訝然狐疑狀，只好自誇自播起自己的廚藝，「我可是能獨力完成一場宴席，且最高紀錄是同時操辦五桌！」

這倒真沒吹牛成分，外公八十大壽，長女母親主辦，母女倆商議結果乾脆自己來，我掌廚、母親打下手，她只需端盤上桌即可，原說好席開四桌，臨時人多加至五桌，母女倆倒也合作無間的把這場壽宴順利完成。但這約莫也是我廚技攀頂時刻，因為接下來碰到的是只愛吃便當，又且潔癖怕廚房弄髒弄亂的人（那些年間，老覺自己住在樣品屋裡），我的廚藝自此一蹶不振。

努力思索，我還真不知道自己是從何時開始喜歡入廚做羹湯的，只記得初中暑假，趕譯稿的母親常以狀似還席物的大鍋麵打發我們，遂自告奮勇接下煮飯煮菜工作，每天一早便走個二十分鐘至最近小市場採購一天所需，為幫家裡省錢，我總精打細算的挑揀較划算的食材，比如在肉還金貴的那時節，盡量以肉片肉絲代替肉塊，豆腐豆干做得入味也很可以是盤下飯菜，又合父親的牙口，青菜當然選時令的，量多又便宜，魚鮮則多敬謝不敏，除非遇到極便宜的肉魚帶魚，香煎了上桌是可以的（長年濫捕結果，這兩魚種現已貴至下不了手），至於那便宜的雞蛋則大有可為，或蒸或煎或煮了做蒜拌蛋，對嗜蛋家族的我們可是餐餐都不能少的，母親也放心讓我獨自操辦，父親向來不挑揀只多讚美，兩個姊姊也乖順的吃下所有，或許怕些有微詞，下廚這事就會砸到自己頭上吧！也就是在家人的寬容下，自我感覺良好的我便習於在廚房裡摸摸弄弄。

很記得專一升專二的暑假，社團辦了三天兩夜的露營活動，一行十幾人吧，在河邊搭營起灶，一袋袋的食材卻無人下得了手，想是那採買的人毫無做菜經驗，讓原本也無掌廚經驗的人也束手，眼看大夥肚子已咕咕叫，原輪不到女生動手的我實在等不下去，便捲起袖子切切弄弄起來，勉強把那些不知所云的食材配對下鍋，整治出一道道堪可對付的菜餚來，這番操作自然搏得社團幹部的感激涕零，隨行社員也訝然於我竟會下廚，還來個經驗老道的模樣，若當時同班同學在場，就不致於把「不食人間煙火」的標籤至今還貼在我身上吧！

爾後，隨著臺灣整體經濟成長，許多食材取得容易得多，便初生之犢的挑戰起宴客料理來。但第一次經驗卻是失敗的，那時和結拜兄弟參加了校園民歌「金韻獎」競賽，團體組沒入圍，我的個人組卻一路闖進決賽，當時有兩千多人報名，最後參與合輯灌錄的不到二十人，我是其一，每人分得八百元的酬勞（據說這張合輯在當時至少賣到十萬張，唱片公司真的是賺翻了）。原說好拿到錢要請眾兄弟吃頓飯的，不想在公車上被扒個精光。

客是一定要請的，怎麼辦呢？當時仍處戀情中的F便提議，假他家廚房自己做頓好吃的宴請眾兒郎吧！那天採買好，從早上十點直做到午後兩點，才陸續把菜端上桌，最後是一掃而空沒錯，但想來眾哥兒們一定是餓慘了的緣故。

我不明白當下是出了甚麼問題，手腳再慢，也不致離譜至到點了卻端不出一道菜來吧！

爾後，經驗足了，才明白，宴客菜最重要的是管理，菜單擬定、採買成本計算、出菜時間順序掌控……一環扣著一環，哪部分都疏忽不得。之後參加諸多婚喪喜慶時，每當出菜中斷令人好等時，我都忍不住想進廚房一探究竟，看看能否添手幫個忙。最嚴重的一次，是場婚宴，菜出到第七道便停擺了，全桌識與不識的人話都講完了，又枯坐近半個小時，上菜還遙遙無期，因趕著上課便提前離席，至今我仍很好奇那第八道菜是個甚麼東西，會把所有人都困死在廚房。

剛開始研習宴客菜，是靠一本《傅培梅食譜》，傅培梅在當時可是女神一般的存在，待嫁女孩需要她，出國留學除了大同電鍋還是她，向來不怎麼循規蹈矩的我則是只看菜樣，頂多延及食材，至於醬醋鹽糖則完全隨心，近年回天龍國以車代步時，姊姊常說我鄉下人開車自由自在，也像軍職轉民航的駕駛，常忘了背後還有上百乘客，所以要我照著食譜按規定幾杓幾茶匙加味，難矣！

要說我是傅培梅徒兒怕是師傅不承認，我也汗顏的，但年少時的拿手蔥油雞、糖醋黃魚、咕咾肉、宮爆魷魚、京醬肉絲，確實是從她那兒習來的，雞特別會選蔥油作法，是不容易失敗，新手剁雞不麻利，上面鋪了薑蔥就能遮醜，黃魚也一樣，在還沒不沾鍋的年代，要美美煎條大魚可是要看功力的，尤其黃魚蒜瓣似的肉質，翻身稍不慎便散了板，父親便誇過我，到文友家作客，翻條黃魚需勞駕三個人，我卻一人就搞定了，其實皮沾鍋也是有的，糖醋配料一澆一樣能藏拙，不過父親的鼓勵還是讓人欣喜，他也誇過我的刀工，肉絲切得細緻不似肉條，魷魚發泡也軟硬適中，切花時要用片刀手法，那魷魚捲下鍋才會飛活起來，煎炸時要焦香不能板硬，至於雙主另一宮爆，在還找不到乾辣椒的時節，是需賴自己從生鮮紅椒煸至酥脆，這京醬肉絲和宮爆魷魚算是費工的菜，是為知己父親製做的。

我還有一拿手料理，是跟福州人習來的佛跳牆，和市面上加足了山珍海味不一個款，主打的是清醇，砂鍋底鋪上黃芽白，過了油不易鬆散的大塊芋頭擱在其上，再將切成小塊汆燙乾淨的豬手小排鳳爪入鍋，最後再覆一層黃芽白，加水燉個兩三小時即可上桌，那湯汁清鮮甘醇，葷材軟潤，芋頭吸飽肉汁，讓人歇不了口，或許我的口味偏清、好原汁原味，以致每在外吃到滿甕又翅又鮑又干貝的佛跳牆，反而不習慣得很，尤其經三兩下攪拌全糊成一氣時，便心心念念起自家的佛跳牆來著。

幫外公置辦八十大壽那場宴席，這佛跳牆卻難上桌，因為沒那麼多爐灶，必須考慮家居傳統廚房的設備，兩口大灶、一個雙眼瓦斯爐置辦家常綽綽有餘，但對付宴席料理就得好好發揮管理精神了，冷盤前菜牛肚腱子前一晚就可滷妥，開席前便可切妥美美的和馬鈴薯沙拉、海蜇皮涼拌放在桌上，另一冷盤則是外公特愛的生魚片（這是全席唯一外求者），冷盤後便是蒸好剁好略為加工就可上場的蔥油雞，接著的蠔油鳳翅，雖同是雞料理，卻完全不同風味，將之前已炸妥的雞翅下鍋裹上蠔油蔥段便可上桌；茄汁大蝦一樣手法，只裹的是特調酸甜醬料；再來以輕汆過的西生菜墊底，前晚燉煮的牛腩牛筋加熱勾芡覆上，又是盤重量級的大菜；燴什錦是切好汆過的魷魚、烏參、蹄筋、蝦仁、雞柳、鵪鶉蛋下鍋過油，最後加上汆好的青江菜、調味勾芡即可起鍋；芥蘭牛肉熱炒也快得很，炒螃蟹較費時，就押後料理，最後再上道菌菇雞湯、翠玉炒飯（用燴什錦的青江葉尾剁碎擠水後和中式火腿肉丁炒就）收尾，這時空出的四個爐火，便可把早已做妥定形的芋泥蒸熱了上桌劃下句點，唯一遺憾的是，臨時添加的第五桌，沒能吃到甜點芋泥。

唯恐怕餓著人的我們母女，每道菜都大盤伺候，即便勻出第五桌，盤盤仍分量十足，不算水酒，食材花費七千五，若不是考量客族親友在家不常吃到牛肉，費用還能更省，但如此這般的操辦是空前也是絕後，爾後再沒機會讓我這麼玩法了。

現今和姊姊們共食，料理的多是家常菜，喜食軟爛的兩位姊姊最愛開陽白菜，做多少吃多少，一整顆人頭大的天津大白菜也能一頓吃到光，汆熟的四季豆起鍋撒鹽淋香油也定是掃盤一空的；蛋族中的蒜拌蛋頗受歡迎，若有個悠悠午後，便可泡發干貝做個瑤柱蒸蛋，在蒸妥的蛋上覆上干貝醬汁，是中青兩代都愛的，若時間急迫，在油鍋裡打入七八個蛋，稍稍撩撥，淋上醬油就可上桌，這兩分鐘就完成的菜餚我稱之為「亂七八糟」蛋，卻是黃白老嫩相間，賞心悅目得很。

如此這般隨心所欲的料理還很多，辛香配料中，我最喜香菜和蔥的搭配，拿它們來快炒豬肉牛肉都好，夏天則是保持香菜青蔥的生鮮，直接涼拌雞絲，只用鹽、香油調料，不僅開胃，還能解決前一晚白斬雞受人嫌棄的胸脯肉，這雞胸肉掰成絲和切成條的小黃瓜拌一拌，淋上胡麻醬，也是夏季消暑良方；另外紫蘇炒牛肉、九層塔炒豬肉也是桌上常見的，若韭黃一把下殺五十便可下手，一樣拿來炒肉絲，韭菜花則做成蒼蠅頭，或學「欣葉」拌炒皮蛋都好下飯。

隨著年齡漸長，對吃的熱情逐漸消減，創新的企圖不再，多的反而是懷舊，外婆家已吃不到的客家菜、獨特的媽媽味道、孩時吃過卻已模糊的味覺記憶，家常中一一復刻，若能真傳一二，便是最大的喜悅。

戀戀麻油雞香

每年寒露一過，隱隱的一股喜悅漫溢而出，呀！又可以開吃麻油雞啦！

這該是專屬臺灣的料理，不敢稱其為美食，因為親歷太多外地人，尤其是北方朋友，對這麻油雞簡直嗤之以鼻，難掩嫌惡之色，好似要西洋人東洋人吃皮蛋吃臭豆腐般。論食材，這道料理實在不該這麼具爭議，雞塊、胡麻油、薑片、米酒，再普通不過，它的工法更是簡單明瞭，不容易出錯，所以愛惡或許單純只是習慣與否吧！

先來談談它的作法，適量胡麻油煉至冒煙，放入薑片煸香，再置入雞塊爆炒，雞肉半熟便倒入米酒蓋鍋煨煮，酒量無需多，淺淺浸淹一半雞塊即可，待等湯汁泛白，再次加入米酒漫過所有雞肉煮熟即成，我是從來不加鹽的，甚至會添少許金橘餅去除苦澀，那湯汁泡飯可是美味至極。雞肉可以豬肉片替代，敢吃內臟的，豬肝豬腰子都可，我卻極愛將煎香的蛋放入湯汁中煨煮一下，添了酒香麻油香的荷包蛋就是不一樣，以前窮苦人家食無肉，產婦便是靠這蛋酒補身。

是的，麻油雞酒原就是產後補身下奶的，平常人食用時可以水替代，讓酒減量，但坐月子無論如何必須全酒，講究些的甚至會用日本清酒，先不說薑片胡麻油有去濕排惡露功能，光是那酒，就足以讓哺乳的媽媽、新生兒處在一個醺然昏睡狀態，這是否也是拿它來坐月子的原因呢？

當然，不止坐月子，麻油雞逢年過節一樣會出現在餐桌上。像外婆便是熱烈擁護者，平素有心血管虞慮的她，在醫師外公監管下，唯有年節眾兒孫返家團聚時，可理直氣壯讓廚房端出一海鍋雞酒饗享大家，餐桌上，外公故意嘛嘴盯著外婆大啖雞酒的模樣，是令人發噱又難忘的畫面。

其實孩提時並還沒那麼欣賞麻油雞，孩子吃不出酒香，只覺得酒的苦澀，且那放養土雞肉質Q韌到乳牙難以消受，捧著碗、肉山肉海連飯都看不見，很是欲哭無淚。長大後，才知道家養的跑跑雞是如此金貴，就算市場裡號稱土雞放山雞，也全然不是那回事。而且也才發現，雞酒的作法最能突顯肉質的Q彈甜美。

隨著外公外婆仙逝，許多以為會永遠存在的人事物，竟也就消散了。至此，兒時客家風味的麻油雞酒似成了絕響，即便街頭巷尾都找得著這道吃食，甚至麻油雞連鎖店都有，但尋尋覓覓也難再尋那心心念念的滋味，所以，只能自己動手。經一再調整，味道差不離，但家養跑跑雞難覓呀！特別的是，住臺北公寓房後，每每嘴饞炒麻油雞打牙祭，接著數日，社區裡此起彼落的便有人跟進，顯然，熱衷此料理的不止我一人。

懷女兒時，捧著火爐熬過一個溽暑，大肚裝不貼身，汗水似瀑布般淌下，若不是前面有個冬天，有個麻油雞的盼頭，孕期真是令人絕望呀！挨到立冬，臨盆前一個月，靈光乍現，為甚麼要等產後才吃麻油雞，不是誰都可以嗎？連男性同胞都照吃不誤不是嗎？於是乎，快樂的請好友夫妻共襄盛舉炒了一大鍋麻油雞，似外婆再世吃得好不痛快。當晚，下腹便疼痛起來，且是有規律的疼痛，莫不是要生了？正打包欲趕赴醫院時，那痛又消失了。

第二天找一直照護我的胡醫師解惑，他把了脈也很是疑惑，詢問是不是吃了甚麼特別的食物，我據實說前晚吃了麻油雞，他驚愕的張著嘴久久說不出話，彷彿眼前坐著一個外星人。斂神後，他嚴肅告誡我，麻油雞是給產婦不是孕婦吃的，胡麻油會造成子宮收縮，嚴重會早產，他約莫不解為甚麼有人會因貪吃做出這等蠢事。

一個月後，上了一下午的課，在外吃完晚餐又吃了一支高聳的蛋捲冰淇淋，回家看了電臺重播的老劇《金玉盟》，正待入睡，便發現羊水破了，演練已久的入院計畫於焉展開。那時還住苗栗，離產檢的臺中榮總需經三義陡坡，那常出狀況的二手老爺車竟也安全抵達。等孩子爸停車時，坐在大廳椅上，平時川流不息的空間寂靜無聲，一個人也沒有，空落落的有些茫然，方覺得生死是一人之事，誰也替不得。

開始陣痛已是晨間，羊水早破產程太慢，只得打催生針，至此沒甚麼能比擬的痛便如潮水一波波湧來，痛至後來心志潰散，原堅持自然產不剖腹不麻醉的，但那痛似無止盡，且強度愈推愈高，終至投降，只想央求醫生快快讓孩子出來，剖腹麻醉都可、甚麼方法都可，但平日產檢的楊醫師始終沒出現，真真令人絕望呀！

未想，楊醫師時間掐得準到不行，就在送進產房挪至產檯之際，他突然就現身了，且不到一分鐘孩子就面世了。那時節還沒手機，只有BB叩，時值週日休班，想像中他正吃著午餐，甜點還沒上，接到訊息擦了擦嘴，和家人道個歉，接著不急不徐分毫不差的來到產房坐在產檯前，「來，我們深呼吸，用力……，嗯，看到頭了，再用力一次……」這世界就多了一個人類。

那痛也像關了閘，倏然消失不見。聽到醫生檢視著女兒健全否，這是我唯一的擔心，盡管產檢一切OK，但前面兩次懷孕不順，總是忐忑的。最後隱隱聽到醫生給了個新生兒量表十分，是滿分嗎？還是百分中的十分？聽到女兒洪亮的哭著，我喚著早已為她取好的名字，她竟也停了哭嚎，偏頭尋找聲音來源，至少她是耳聰目明的，至少她認得我，最記得的是襁褓中的她紅通通的，像個紅孩兒。

老爺車送我到醫院任務達成後，便休克在停車場，以致待在醫院那些日子孩子的爸都在伺候它，家中貓狗鳥也賴他餵食，簡單說，住院那段日子是無人陪伴的。

晨間遇醫師帶隊巡房時，便躲進廁所不出來就是不出來，要我以傷口示人難呀！其他時間便遊魂似的四處晃蕩，隔著玻璃看看自己的孩子，也看看其他孩子，努力持平看待所有新生兒，但女兒仍是最出色的，其中一個孩子襁褓巾包裹露出的頭臉，毛髮黑亮濃密逼仄五官，像個小猴兒般，唉，真箇令人同情，他的母親會多傷心呀！後來在哺乳室遇著這年輕媽媽，只見她抱起那毛毛孩喃喃道：「我的小公主，我最美麗的小公主！」這才驚覺，包括女兒在內，每個孩子都是小綠豆，是烏龜媽媽愈看愈對眼的瑰寶。

看夠了，再至護理站踩踩磅秤，孕期重了十二公斤，生完輕了三公斤，正是女兒出生體重，那羊水都沒重量嗎？狐疑之際，護理長開口了：「嘿嘿！朱天衣，在院內不能穿花花綠綠的衣服喲！」這才知道從家特意帶的睡袍是不可以的，衣櫥裡備有制服給穿。後來奶漲到像石頭，坐臥難挨，詢問護理師，猝不及防的她伸出安祿山之爪使勁一捏：「還好嘛！」當場漫畫噴淚畫面出現臉龐，這才知道天底下有和生產堪可比擬的痛楚。

會漲痛至此，是我一直在等人通知何時可去餵奶，至第三天忍不住詢問，才知道早該餵了，從沒人告訴我這些事，其他人是天賦異稟怎都知道的？後來才明白，產婦身邊多有長輩陪同，而我母姊遠在臺北，婆婆體衰自顧不暇，真的一切得靠自己。

我不敢問頭兩天女兒是靠甚麼維生的，接下來三小時一餵，便一刻也不敢怠慢，總是第一個報到。我不僅是第一個進哺乳室，且是最後一個離開的，女兒進食緩慢，別人哺乳十五二十分鐘就解決了，我們母女卻得花近一個小時，接下來的兩個小時，就得努力製造下一次女兒的口糧，醫院提供的伙食聊備一格，既不養人也無法下奶，只得託偶而出現的孩子爸至便利商店買一大袋茶葉蛋，就著熱水沖下肚，多少能製造些甚麼來，不足，便吞嚥商家送的彌月蛋糕樣品，各個小巧的令人心酸。只能不停自我安慰：「沒關係，沒關係，回家就有雞酒可吃，甚麼都不怕了！」

可女兒的黃疸直飆警戒線，每早哺乳時護理師像宣判刑期般報告每個孩子的指數，女兒都名列留院觀察名單，幾天下來我已快得產後憂鬱症了，再待下去，我們母女肯定要餓死在醫院了。我幾乎是嗚咽的打電話給胡醫師求救，他很肯定的說，黃疸很好處理，就出院吧！於是簽下切結書，在甫修妥卻不敢上高速公路的老爺車護送下，歷時兩個小時，終於回到睽違一週卻似漫長無底的甜蜜家園。

家裡除了貓貓狗狗，最令人引頸盼望的就是那廚房，這廚房老舊卻做得出我夢寐心馳的麻油雞。就在快樂剁雞時刻，風聞我們母女已返家的好朋友來訪，看著我手執菜刀應門，又是個驚駭莫名，在最是講究坐月子的客家庄，我這產婦行徑約莫只有野蠻可形容。

爾後女兒在服用胡醫師兩帖湯劑後，黃疸果真漸次退去，我便安心的大啖麻油雞，至此，這麻油雞酒已不是美味與否問題了，它讓我們母女袪除了有一頓沒一頓的憂慮，我終於可以專心致志的適應當母親的角色，女兒也開始以她的節奏一步步慢慢認識這世界。

我不知道是不是每個擁有孩子的女性同胞都如我一般鍾情於麻油雞，於我而言，當那麻油酒香撲鼻而來，勾起的是新手媽媽憂慮卻也甜美的時光，而這香氣也牢牢嵌入每個新生兒的嗅覺記憶中，甚至它可能是打開這個世界門窗的第一把鑰匙吧！至少在臺灣是如此的。

也因此即便距離生養孩子已久遠，每當起鍋爆香麻油薑片的同時，那空落落的醫院大廳、如潮水一波波襲來的痛楚、在院時的徬徨無助……均不請自來的湧現，當然，第一次手忙腳亂為女兒洗澡、看她咿咿呀呀回應你的細語、懷抱她介紹每個動物手足、認識院裡的花木鳥蟲……，每個畫面也如昨日重現。

麻油雞噴香與否，或許全依個人主觀認定，但在臺灣，對多數人來說，有著家族新添成員的喜悅，有著初為人父人母的感動，這料理已不止於口腹的滿足，還承載著大家共同記憶的幸福吧！

我以為的海南菜

女兒的爸爸祖籍海南文昌，初為人婦新嫁娘時期，婆婆的廚房等閒不敢隨意進入，不熟悉是一，更怕有侵門踏戶疑慮，畢竟這女人陣地是不好隨意造次的。我們平時分開住，也多分食，公婆的三餐都由未嫁的大姑料理，週末回去聚餐也由她主饋，我這新婦想分擔，也只能在家煮妥了，整鍋端回去。

週間偶而公公會下廚，他知我愛食咖哩，尤其是他做的咖哩，便時不時做上一鍋，誘惑我們下了班回去享用，那時還沒日式咖哩塊進口，需以咖哩粉為基底調味，我不知還添加了其他甚麼香料，只知他起鍋前一定會加罐裝椰漿（也稱椰奶，椰肉與水4：1，呈稠狀），那會使湯汁濃郁且滑潤，公公會以各種食材烹煮，雞塊馬鈴薯最常見，很奇特的是茄子也試過，經咖哩煨煮後竟也十分搭配，只要是加了椰奶，滋味都大大加成。

那時朝九晚五上著國立編譯館的班，週休還只一日半，一週工作下來，最想望的就是週日能睡到自然醒，但每每清早便會接到公公電話，說早餐已上桌了，要我們快快回去享用，去是不去呢？當然得去，即便那牛奶麥片粥黏稠至插了筷子也不會倒，即便那烤土司抹了牛油還撒上一層晶亮白糖令人驚呆，但老人家的盛情不可違，且是做好等著你的，也只能騎上鐵馬匆匆奔赴。

後來處久了，週末換成轉移陣地來我們這兒用餐，也讓大姑多少能有喘息時候。準備的當然都是公婆愛吃的料理，其中必須有的便是白斬雞，作法無甚麼特殊，火候管控好即可，重點是沾醬，蔥薑辣椒切成細末，佐以鹽巴，淋上漂浮湯鍋上的雞油，最後加入足量的鮮榨檸檬汁才算大功告成，這公公的祖傳醬料與本省單純醬油、客族頂多添些九層塔碎末添香很不一樣，但吃慣了也就明白了，那檸檬酸確實可解雞肉的油膩。

每年除夕祭祖，這雞也會以全貌先出現在供桌上，待酒過三巡、燒妥金紙、放完鞭炮，才剁成塊上桌，年夜飯除了不可少的這隻雞外，還有同樣從供桌上撤下來的豬五花和煎魚，五花或做蒜泥白肉、或燒炙成醬爆回鍋肉，煎魚則以醋溜或紅燒再加熱，這是講求鍋氣的我必須要的加工過程。另外大姑一定會做的就是雞雜炒芹菜，還有一道也令我訝然的年菜，即是魷魚乾稍發泡切成條爆香，與一樣條狀的白蘿蔔加醬油及水煨煮，待蘿蔔軟爛入味了，撒上大把青蒜段微煮一下即可起鍋。我不太知道這些菜餚是他們家專屬，還是公公海南島菜系的祖傳，包括咖哩中加椰奶、白斬雞沾醬裡加檸檬汁，對我來說都是味蕾挑戰。

其實祭祖也是不小衝擊，基督教家庭長大的我，自然沒經歷過此儀式，習醫尚科學的外公也不講究這，一年一度就只大年初一，會回老家祠堂祭祀，客族習俗多只男性參與，我這女性小輩自然無從理解，所以這是初為人婦必須學習的，供品有無禁忌、需置幾副碗筷、該斟幾回酒、燒哪款金紙，乃至何時放鞭炮，這都是必修功課。記得婚後父親問過我，還上教堂嗎？我如實回答並沒有，父親接著問：「那麼有祭祖嗎？」我回答有的，父親說：「那就好。」便沒再說甚麼。此後，年節祭祀，於我便更添了份莊重。只是一次在院子燒紙錢，一陣風起，將一張燃燒中的金紙吹起，看著它飀飄穿透紗門，就此留下一正方形的窟窿，這意謂著甚麼呢？目瞪口呆的我們，完全揣摩不出其間的隱喻呀！

兩岸開放往來後，公公一心要回海南老家探親，我們遂陪他先赴廣州探望其他親人，再轉往海南文昌。一九九〇的廣州，除了硬體城市風貌略為老舊，其他飲食水平、住家環境和香港臺灣差距並不那麼大，我們住的酒店、他們的茶樓就在水準之上，在臺灣從不碰乳鴿的我，竟也完整吃了一隻，外酥內嫩一點腥味也沒有。

公公的兩位堂妹陪著我們一起去海南島，這也是她們第一次返鄉，當飛機降落在海口，老實說，還真不是普通驚訝可形容，機場之簡陋比臺灣偏鄉一個巴士總站都不及，出得航站，便是泥地泥路，周邊商家均是搭篷做生意，少見汽車巴士，只有鐵馬和三輪車，完全的異國風情。

我們包的九人巴奔馳往文昌的路上，四野一馬平川，看得見的除了椰子樹還是椰子樹，車行四五個小時，好容易到得老家，紅磚房、三合院，和臺灣農家一個模樣，公公的父母早已過世，屋裡現住著堂弟一家和老母，這公公稱做嬸娘的老婆婆，腰背佝僂、身形萎縮只及半人高，完全無法想像年輕時是如何潑辣、常苛待這無母、父親又遠在外發展的幼年公公，看著他們嬸姪重逢抱頭痛哭，一生恩怨或就此勾銷了吧！

未想當晚吃過辦桌式的接風洗塵宴，便不時有親友來我們住的裡進偏房叩門，多是申訴告狀的，尤以公公的親姊姊哭訴最慟，數落嬸娘堂弟母子倆如何霸占了這公公父親花錢建造的大宅，還把公公正式娶進門的媳婦兒掃地出門，至此，我們小輩才知道有這位大娘的存在，前半生為公公守活寡，後半生為存活改嫁，婚姻也並不美滿，過得非常艱苦。聽老姊姊淌著老淚哭訴，還處在歸鄉百感交集情緒中的公公，整個人似乎懵了，只能張口結舌呆愣以對。兩位廣州姑姑建議我們在房門上套個鎖，謝絕所有夜間叨擾，不然已靠安眠藥入睡的公公怕是連覺都睡不成，而我是也討來半顆助眠，不然親姑姑那皺紋縱橫交錯呈網格狀的淚臉，會讓人睜眼到天明。

隔天清晨，堂叔把前一晚未吃盡的文昌雞拿來煲粥，加了蔥薑倒是醒胃鮮美，桌下流竄的兩隻家犬，身上濃重的體息，全然不是聞慣的狗味，有著野生動物的腥羶，讓人狐疑牠們平日是吃甚麼維生的。隔著一道牆，聽到堂叔兒子、我們該喚作堂弟的男子，大聲抱怨奚落著：「三小件我們早有了，給這些沒意思……」這當然是說給我們聽的，他們想要的是三大件電視、冰箱、洗衣機，原打算返鄉看看老家情況需要甚麼再添購的，這麼一來，我是裝傻甚麼也不買了。

臺灣土產、各式伴手禮不說，幾位長輩及姑姑們，我們各打了個金戒指，年長的還添了包補身的紅蔘，打腫臉充胖子做不來，要滿足所有人欲求也辦不到。接下來兩天，為躲開各式親友請願，廣州姑姑便帶我這財務大臣附近遊走，不時請當地孩子幫我們上樹摘椰子，他們攀爬的姿勢也特別，手心腳心貼著樹幹，像小猴兒一般爬上樹梢，接著轉呀轉的，一顆椰子便落了地。海南的椰子超清甜，後來離開時，兩位姑姑甚麼都不帶，就只要了兩麻袋椰子回廣州，喝完汁剖開，把椰肉拿來燉雞，那也是我喝過最澄澈清爽的雞湯。

除了椰子超乎想像的好，那文昌白切雞並無特別之處，連沾醬都沒公婆家特調的好，和坊間各家海南雞文昌雞也差之遠矣！至於那咖哩、魷魚煨蘿蔔更是不見蹤影，讓我好生懷疑，這些到底算是海南料理嗎？

臨別在海口機場等候時，公公買了兩包島內自產的咖啡，回家後急不及待沖給我們喝，卻一點味道也沒，仔細看才發現買成了咖啡另一伴侶黑糖來著，大家笑不可遏，公公卻悵然若失還處在懵的狀態。有太多事要消化，有太多事要理清，我們是都很有默契的絕口不說大娘的事，婆婆不知，公公不提，如船過水無痕都過去了。這終生悲涼女子，就此消失在整個家族中，也消失在所有人的記憶裡了。

而這也是公公僅此一次的鮭魚返鄉溯源之旅。

參

咖啡館

咖啡館

每天早上，我會隨姊夫姊姊至咖啡館寫稿，這是家有歷史的咖啡館，老牌義式知名品牌在臺灣所設唯一分店，已屹立二十年有多，會用「屹立」二字，實因在咖啡館林立的臺北，散落在街頭巷弄開開關關的店面實在太多了，誰叫大學生的夢幻職業多是開家咖啡店，這可是經過市調驗證過的。

這老咖啡館座落二樓，敞亮的大窗外滿是林蔭香樟，心緒很容易沉澱，且下午三點前人煙稀疏，一個早晨常就我們三人獨享，唯老闆獨愛的拉丁情歌過於激情，很難不讓小說歪樓。他們對自己的咖啡是極自信的，「沒喝過我們的咖啡，別說你喝過好咖啡」這是他們的廣告詞，為此，每回央求糖包時總是自卑。爾後熟了，不待吩咐，侍者會自動附上糖包，約莫在他們口裡，我的代號就是「兩包糖阿姨」。

咖啡館待久了，如白頭宮女般對過往常客不免也有些關注，和姊姊因此也發展出一套代號，比如聲音不大卻總能從各角落聽到他發言的「魔音穿腦」；如到週末必會出現的「外食三人組」，三個阿伯完全藐視店內「不可外食」立牌，或煎包或飯糰、燒餅、粽子，有時還整個便當端上桌，好在他們多待在室外陽臺吸菸區，侍者也就裝瞎了。

還有一「高腰女」，數十年如一日一式衣裝，上著貼身T恤，下是一扇形迷你裙，一雙腿算修長，但她那腰線高得離奇，幾乎胸下就接著裙腰，且這打扮應只適合夏季，勉強擴及晚春初秋，那麼她冬天是都不出門嗎？另一對中年男女也常出現，他們對身軀的熱情不亞於青少年，隔著桌也總能搆到彼此的肩背頭臉，隨之好奇一摸再摸確定甚麼似的，我們因之以「摸摸樂」喚之，他們當然不會是夫妻，連偷情也不太是，一次比鄰而坐，無意卻還是聽到他們的談話，對方住哪兒，家中成員幾許都不清楚，他們是怎麼認識的，為何常態化的來這咖啡廳約會，至今仍是個謎。

還有「塔羅牌女子」也常占據一角落，為一臉迷茫也同是女子的解惑；另還有保險業務、室內設計、同學會的也常出現，看過最叫人困惑的是一組女大生高中男的家教，整整兩個小時，這女老師不放棄任何可撫摸男學生的機會，大腿也好、肩背也可，臉龐也不放過，滿滿的憐愛、滿滿的不在乎一旁我們的目光。

書寫至此，「外食三人組」又進門了，讓人忍不住想踅出陽臺看看他們今兒個吃的是甚麼，粽子？飯糰？還是雞腿大便當？

說回咖啡加糖這件事，不能怪我品味低落，打從青少年開始喝咖啡起，便是三合一「ＵＣＣ」，是姊夫從他父親咖啡店順來的，數量有限特顯珍奇，後來二姊從日本回，帶的也是即溶「ＵＣＣ」，除了咖啡伴侶奶精，便是那沒見過的茶褐色冰糖，二姊總以一匙咖啡、冰糖佐以三匙伴侶沖泡，是「胡奶奶特調」，香氣濃郁遠勝三合一。

在還未晉階家戶一只咖啡機前，很長一段時間便堅持這樣喝咖啡，就算在外喝著虹吸或各式特調，我仍沒出息心心念念家裡那杯奶香四溢的「三合一」，且發現這喝法有減肥效果，胃納愈喝愈小，若一天喝個三杯，那麼連食欲都消滅。

我當然知道好咖啡是不得加糖加奶、加任何調味料的，一次去花蓮演講，主辦方也開了家咖啡專賣，特請我去店裡品嚐，那進口自國外某莊園稀有的咖啡豆，經店主精心淺焙，以骨瓷端上呈金黃色，不似咖啡倒像烏龍，果真那味道也如茗茶般輕盈回甘，但也就如此了，平日喜歡青茶勝過咖啡的我，忍不住暗自嘀咕，這一杯要價三四百，能喝多少好茶呀。

咖啡於我，不在那一杯，是它衍生的種種，可脫離家居蕪雜好好專心致意書寫，可放空想或不想甚麼。在日本，尤其午後時光，咖啡館裡不時出現主婦似的女子臨窗啜飲，這該是忙完家務離晚餐還有段距離屬於自己的時間，坐下靜一靜，整理好心情，再面對遭家人遭生活磨損的人生吧！

爾後，出國在外，坐下喝杯咖啡也成了歇腳駐足時刻，臨窗或室外看的是街景看的是人的形形色色，原宿明治神宮表參道上的「花」咖啡，除巴黎本鋪，這是唯一分店，泡沫經濟前日本人銷費力驚人，崇歐心態無論如何都要把這名店爭取來東京，因此即便所費不貲，仍一位難求，秋天點杯咖啡坐在號稱「小巴黎香榭大道」上，看人看街，或僅僅是那一整排鮮黃翻飛的銀杏就值了。

每到京都嵐山，靠ＪＲ驛附近一家咖啡店也是必訪的，家常極了的老店，顧客多是周邊住戶吧！已有年紀的老闆永遠白襯衫吊帶西褲，領間繫著糾糾蝴蝶結，鄭重的在吧檯後調煮咖啡，哪怕你點的只是很普通的美式。一年我們姊妹仨被雨淋個透，躲進店裡烘暖氣，老闆頷首彷彿昨日才見的溫暖，寒氣當刻消散泰半。鄰座一老婦的咖啡杯空著，約莫坐了好一陣了，胸前掛著一串又一串的珠鍊，手腕亦環著一圈圈，金的銀的布滿指隙，似乎把所有家當都穿戴在身上了，這是個甚麼樣的故事呢？她顫巍巍的如廁、添水杯，熟門熟路自在的恍若家居，直至我們仨烘乾周身離開時，她仍默默坐在桌前，看似發呆，眼神卻渺渺已不知飄到哪個時空了。

前兩年，疫情期間我們曾換過另家更寬敞的咖啡廳，和我們一樣準時報到的是一年約六十的女子，不說婦人，因她一身「Hello Kitty」裝備，衣服鞋子髮飾如此，帶輪行李箱、手提包、購物袋上全是「大臉貓」Mark，簡單說，就是個移動Kitty。她點喝點吃經濟無虞，固定盤坐的那個角落無插座，於是便見她時時遊移為自己貼滿Kitty的手機充電，不滑手機時便睏頓在沙發座上，像隻酣睡的貓。有時看她在洗手間搓洗衣物，內褲絲襪就搭在咖啡廳外的樹籬上，當然，內褲上一樣印著「大臉貓」，她真是以此為家了。一次聽到店員和她交涉，夜晚打烊，她的物件不得留在店裡，他們不負責保管，最後結論不得而知，但從此便不再看到她了。

這次去咖啡王國義大利，除了晚間回旅館好眠，其他時間都在外遊蕩，日行十數公里，坐下喝杯咖啡便成了最好歇腳方式，他們的咖啡館林立，廣場就不必說了總有五六家環繞，連大街小巷也三不五時就一家，且露天座才是王道，就算室外低溫個位數字，顫抖著手也要坐在室外啜飲，火車站體裡多設立座，來去匆匆也要喝杯咖啡才好上路。

他們的咖啡如想像中的香醇，卻出乎意料的柔和，唯一次為體驗點了杯Espresso，杯子本就小，卻只裝了四分之一滿，淺嚐一口，濃郁到不知說甚麼好，只得悄悄把它倒進另杯Cappuccino裡，聽說在此若點杯美式，他們會端上一份Espresso一杯熱水，由你自己去胡搞瞎搞，糟蹋咖啡這事他們是拒絕配合的。

這次在義大利造訪了名列世界十大最美其中的兩家咖啡館，威尼斯聖馬可廣場前的「花神」和羅馬西班牙階梯前的「古希臘」。聖馬可教堂前，有兩家著名的咖啡館，「花神」是一，另家「Quadri」就隔著廣場位在對面，他們的咖啡都好，也都有小樂團陪襯，要如何取捨？當地人給的答案很是義大利，哪邊陽光好就坐哪邊。我們是兩家都坐了，之前隨旅行團到此的姊姊來去匆匆，此行，最大的心願便是重返威尼斯，能在聖馬可廣場前坐個足，為此，我們天天來此報到，也真像貓兒般慵懶的窩踞金亮陽光下，悠悠一個又一個午後。

回程羅馬，來到已有二百多年歷史的「古希臘咖啡館」，想當然爾的，露天座滿客，便選室內入座，一進一進的廳堂牆壁掛滿了油畫老照片，還有一書架的書，難怪吸引諸多文人雅士到訪，拜倫、歌德、華格納、狄更斯、濟慈……常來此駐足，近代的奧黛麗赫本、伊利莎白泰勒和黛安娜王妃也光臨過此，一杯十二歐的Cappuccino值不值？端看自己對一杯咖啡的定義吧！

顯然，咖啡館之於每個人都有不同的意義，且這意義還不斷在擴大解釋中，難怪現今年輕人職業取向除了網紅，最大宗便是自己當老闆開家咖啡店。有它存在，家中書房就不必了；供餐的，連廚房餐廳都省了；談生意、算命的也不需租賃店面、辦公室；授課的，管他是財務管理、心靈雞湯都可五六人叫杯咖啡嚴正的上起課來，我就因此聽了不少免費課程。

前兩天，還出現化妝二人組，眼看著素顏到完工徹底換個人，不止我驚訝，另桌女子也動心去問這妝一幅幾多錢，如是，連廣告費都省了。難怪，臺北街頭咖啡館林立不是沒道理的。

飲茶

港式飲茶文化是在我十來歲傳進臺灣的，說它是文化，因已不僅僅是一頓飽飯這件事，它還涵蓋了當地的生活習慣社會環境，香港地狹人稠，一般住家空間逼仄，是不好邀人回家作客的，在自家料理飲宴更是自找麻煩，茶樓裡吃著聊著，茶水無虞供應著，更是讓人話再多也不口渴，多好！

我第一次出國便是去香港，住在臨海大酒店裡，整片落地窗望出去，是波光粼粼船舶穿梭的港灣，對岸櫛比鱗次大廈直插入雲，於我真是震撼。在街頭隨意站站，勞斯萊斯不時滑過眼簾，來往人潮各個光鮮亮麗。但當踏入朋友在觀塘的住家，又是一個震撼，無關貧富，而是親見平常人家的日常生活環境油然而生的驚詫。十坪左右除浴廁，就只一小隔間，放張上下鋪床便滿了，是朋友弟弟夫妻及兩個孩子的私人空間，外面客廳兼飯廳、廚房，還放了張床，供他母親妹妹睡臥，吃飯時，便把活動餐桌架至床邊，可省一邊座椅，至於那迷你衛浴，只一個陶瓷臉盆一個沖水馬桶就滿了，如廁時臉幾乎貼著瓷盆，無法想像日常要如何盥洗。他們所在的幢幢大樓，少說上千戶，每家格局空間是一樣的，也就是說，在地一般人的居住條件差不離便是如此。

香港的人均高於臺灣許多，他們的光鮮亮麗是真，但居住環境難以改善也是真的，因此，便能理解港九餐廳之多、茶樓之必須，民以食為天的中國人，尤其港人對吃的要求很不一般，家居無法講究，只好外求了。在港九用餐很少踩地雷的，稍像樣的館子隨意端出來的魚鮮都生猛好滋味，雞鴨牛也永遠滑潤鮮嫩，連街邊甜品、大排檔吃食都具一定水準，巷弄裡的魚蛋粉則是我的最愛。

不過，次次去，絕不會錯過的就是飲茶。在高檔的茶樓裡，上桌的每道點心都精緻的只適合用牙籤戳食，坐在被冷氣凍到骨子裡大胃王的我著實折磨，以為庶民茶樓火雜雜較適宜，不想夥在雜沓的人潮裡找個位置都難，好容易搶得個與人共桌的位子，面對擲地有聲的鏗鏘粵語，連如何點餐都不會，同桌其他人冷臉吃著自己點心，絲毫沒打算接受我求救的眼神，「活該你這外地人闖進我們的生活，餓死剛好！」

所以回臺灣飲茶才是王道，介於高檔、庶民之間，再高朋滿座，桌間距離還有餘裕，至少能讓餐車穿梭往來，蒸籠、炸物、冷盤、甜品不同餐車推至面前任君選用，這樣的供餐方式多麼有意思，總記得在茶樓第一次吃到焗烤白菜、滑潤腸粉是多麼驚豔，蒸籠鳳爪、牛肉丸、豉汁排骨的鮮嫩又是多麼令人神迷，那多添了火腿蝦米的蘿蔔糕是多麼不同於平凡的臺式粿點，更別提炸品叉燒酥、馬蹄條、腐皮捲了，顯然與我一樣的同好者不少，以致茶樓在臺灣火紅了整個七〇年代，那時的百貨公司也多留一層供大家飲茶。

而臺北頂有名座落中山北路二段的「紅寶石」，當時生意更是好到不行，餐廳占了二三層樓，我的死黨六哥暑假曾在那兒打工，負責推餐車服務，當時還沒監視器這物件，因此每當搭電梯轉進其他樓層時，就是他們這些工讀生偷嘴時刻，一籠一碟點心只取其一，領班發現不到，顧客也不察，從此上茶樓用餐，我總狐疑點心的數量。

二姊那一陣子愛上蒸籠點心叉燒包，至「真善美」看電影時，常先至同棟商場裡的茶樓一口氣外帶十個，邊觀影邊大啖，姊夫只分得一枚，其他均入她肚腹，據說若改至「東南亞」，她則會在外頭水果攤挑揀一大袋綠皮椪柑，一場電影吞下少說五斤近二十個橘子，至於大紅李，則是論砵計算的，這些倒是怕酸的姊夫樂於讓賢的，那時他們還是男女朋友關係，姊夫沒被嚇跑也是奇蹟。

爾後，推車供食的方式過時，現點現做直接端上桌，比擱在車上繞幾圈還是美味許多，因此真正推車叫賣的茶樓已少見，如今臺北只知「兄弟飯店」及西門町「獅子林」裡還有如此傳統推車的茶樓。前些時，朋友曾抱著懷舊心情邀我們去「獅子林」那兒飲宴，果真才步上樓梯推開餐廳門，回憶殺秒現，陳舊裝潢、複雜氣味恍若搭乘時光機回到七〇年代，帶位領班、推車服務員則好似封存停格在某段時光中，直待我們闖入才一一悠轉甦活。他們的餐點也維持著半世紀前光景，滋味如此，賣相如此，好吃嗎？老實說，口味很重，需靠大量的茶水稀釋，是我們有年紀的人消受不了的，所以回味只能偶一為之，常食有洗腎之虞。

現今想吃港式茶點，我們多就在咖啡館旁的「京星」解決，且只點自己的最愛，他們的蝦點肥潤，不管是腐皮捲、水晶蒸餃都呈爆蝦狀態，是姊姊必點食的，我和姊夫鍾情的是廣州炒麵，這自年少吃到老的餐食，原是港粵餐廳必備的，炸至酥脆的廣式生麵淋上勾了芡的什錦，在飲茶火紅年代，是極普通處處可見的，但近十來年卻難求，即便有些餐廳供應，但都聊備一格不講究，不是麵炸得不夠爽脆，就是澆淋的嚼頭馬虎，有的連魚板竹輪魚丸也混雜其中，很令人光火，「京星」的廣炒勉強過關，「三合院」的賣相裝盤略勝一籌，我和姊夫是只要有廣炒可食，其他都可接受。

這廣州炒麵回到香港廣州卻是遍尋不著，這是臺灣獨有自個兒發明的？如同泰國人沒聽過月亮蝦餅，卻是臺灣人每進泰式館子一定要點的食物；也像日本中華料理中的天津炒飯，在炒飯上淋芡汁，不止天津沒這吃食，全中國也沒人這麼吃法；而我們從小喝到大的玉米濃湯，也在美利堅五十州遍尋不著，顯見是一種在地才有的異國料理。

記得年少時，遊伴小童也常帶我至「劉家鴨莊」打牙祭，那時的永康街還沒那麼文青，沒那麼多咖啡館茶藝鋪，「鼎泰豐」也還沒那麼火紅，當然更沒有讓觀光客趨之若鶩的芒果冰店，來此，就只是吃頓好料，點餐時，我總掙扎於廣炒和粥品之間，生滾狀元及第粥裡深藏的那顆生蛋黃是如此誘人，但爽脆的炒麵一樣令人難以割捨，真是兩難。小童總會多點一份鴨脖子，滿足一下吃不起燒鴨的癮，兩個窮學生能享用的奢華也就如此了。爾後賺錢了，才知他們鹽滷墨魚的存在，很似鮑魚的口感，也是母親的最愛，不時外帶一份回家，但隨著永康商圈的遞變，這「劉家鴨莊」也消失了蹤影。

最近重新認識一個港式館子，其實它早存在著，只是多為被宴請的對象，一桌或烤鴨烤乳豬，或清蒸龍蝦魚鮮，或避風塘紅蟳配齋粥，所費不貲是一定的，爾後才知它也可只吃點心小菜，且平價得很，自此才敢上門消費。它的五小福白灼系列是一絕，尤其那韭菜花、豬腡是二姊的最愛，廣州炒麵用料也是最不敷衍的，鮮蝦墨魚魷魚不說，連好大一只鮮貝也出現，足見誠意。此外欖菜四季豆、蝦球煨伊麵也鮮美至極。

但最讓人念茲在茲的是它的炒蘿蔔糕，切成兩公分見方的丁塊外酥內軟，應加了X.O.調味，近年吃怕了搶味的X.O.醬，在茶樓點蘿蔔糕也常被笑話，但這兩者在此相遇，竟如此合拍，來一盤吃一盤，再加點，一樣吃到光，顯然不止我一人鍾情。最後以透亮的柚子涼凍收尾，清香殺膩，再沒比這更好的句點了。

這個從上世紀就存在、有著「竹」字頭的避風塘漁家料理餐廳，當然和在地幫派有關，是他們的關係企業？因而，每來此，都帶點異樣情懷，小小的冒險、小小的驚歎，很無聊的彼此提醒，千萬別白目，也別蠢到當奧客，到時怎麼死的都不知道。也好在這餐廳的供食與服務，始終讓人無逾矩之憂。

迴轉壽司

日本人性好發明，尤其在提升生活便利方面總是不遺餘力的努力開發，其中固然有甚具意義影響深遠的發明，如泡麵、即溶咖啡、電子鍋、自動答錄機、卡拉ＯＫ、子彈列車及近年的自拍棒、表情包等，但也有許多令人噴飯不知所云的怪點子，如泡麵小人、切菜假手、筷子風扇、奶油口紅膠、地鐵睡眠帽，其中似頸圈的貓星汪星語言翻譯機最令人嗤笑，後即便進化成用手機直接聞聲辨意，據說準確率大幅提高，但誰知道呢？永遠無法從毛孩身上證實呀！

約莫日本人也有自知之明，許多點子都是在無聊到發慌的狀況下發明的，因此這兩年在名古屋舉行關於發明的賽事即名「無聊發明大賽」，去年首獎得主是「拔掉三角飯糰內餡的機器」，發想來自加班時老闆常買飯糰當消夜犒勞員工，遇到自己不喜歡的餡料，便可以此機器切除掉內餡，只吃海苔和白飯，難怪是無聊發明，換作我，只啃食周邊不就了事？

不過，與即溶咖啡、電子鍋同樣深獲我心的日本發明，該算是迴轉壽司吧，尤其三十多年前乍到東瀛自助旅行，語言不通又想吃地道日式料理，那麼坐在檯前自行取用眼前迴轉不歇的壽司會是最好的選擇，熱茶如自來水無限供應，店員端水杯的服務都免了，這樣的供食方式除了眼見為憑，可自在點選看中的食物，毋需擔心菜單上的照片或櫥窗裡的模型有無誇飾可能，且對供需兩造都方便，完全不用交談就能完成一餐飽食。

有心理學專家研究過，人是很難讓食物自眼前溜走的，迴轉壽司的設計似乎深諳此道，君不見每個坐在檯前的客人都兩眼晶亮、雙手蠢動，一盤盤遊走面前的都是獵物，不攫取它是多麼違背人性呀！

一九九六年，「爭鮮」引進日式迴轉檯，在臺北開立第一家迴轉壽司店，至今近三十年，全臺已增至兩百七十七分店，若連香港新加坡泰國及彼岸中國大陸一併計算那便是六百家門市有多了，雖它亦經營外賣小鋪及日式定食、日式火鍋，所用食材均中央廚房供應，但迴轉壽司的生意還是最夯、門店最多，可見供食方式還是關鍵。

有很長一段時間，我和女兒喜歡到「爭鮮」用餐，像吃點心一般解決一餐是女孩的夢想，高中課業重，能紓壓開心就好。那段日子常是接她下課就到「爭鮮」報到，哪怕我中意的是路邊一碗熱騰騰的麵湯，但和她坐在檯前，聊著吃著還是開心，無需勸食，那一盤盤旋過眼前的壽司，早已引得她雙眼發亮，魚蝦海苔米飯都營養無負擔，一盤三十元也還消費得起，若遇優惠，兩枚變三枚，雖多是稻荷、熟蝦、甜玉子之屬，但對我這大食腸也不失是填飽肚子的好方法，所以「爭鮮」是陪我們母女度過一段美好時光的。

同時期附近還有家吃到飽的火鍋店，一樣以迴轉方式供食，選定湯頭人前一個小鍋，青蔬菇屬放冷藏櫃任取，其他海鮮肉類則小碟小碟放在迴轉盤上，五花牛刨成捲三小枚一碟，蛤蜊一樣三個一碟，其他雞肉魚肉豬肉也小份供應，蝦蟹也迷你的都未成年，但當它們在軌道上輪轉時，是很難讓人歇手的，每個人面前都堆得山高小碟，自助吃到飽以迴轉方式供應，完全是和自己過不去，果真一年不到便告歇業，是生意太好到歇業。

「爭鮮」獨霸臺灣三十餘年，近年「壽司郎」、「濱」、「藏」……直接南下，食材經營方式多原汁原味渡海而來，「壽司郎」用的是契作米，最適合醋飯製做，「濱」則是越光米，在臺灣五百克要價百元以上，如此不計血本自然好吃，其他生鮮食材也多直接進口，僅是口腹之欲便與日本同步，它們雖比「爭鮮」價位高，基本盤一碟四十元，但卻也值，且可算是「迴轉壽司」改良版，除轉檯供食，更可現點，以IPAD菜單點妥，它會以急速列車無誤送達你的餐桌前，讓你入口的每份餐點該冰的冰、該熱的熱，唐揚油炸物、茶碗蒸還保持燙傷口舌程度，這對講究鍋氣的我是別具意義的。

傳統迴轉壽司在鮮度上總差了些，就算其上罩個塑膠帽，讓魚蝦生鮮不那麼乾澀，但海苔的酥脆是絕對保存不了的，若再多轉幾圈，連那墊底的醋飯都會分崩離析。所以多花幾文錢，吃個新鮮爽脆還是值得的。

二〇二一年三月十七、十八日，「壽司郎」的一項促銷活動，未想造成臺灣「鮭魚之亂」，活動中只要名字中有「鮭」、「魚」同音者，便可享五折優惠，若與「鮭魚」同音同字者，便全桌（限六人）免費，一時間，掀起島內改名熱潮，共計有三百多位年輕人名字成了鮭魚一族，有改名不改姓「朱鮭魚」、「蔡鮭魚」的，也有索性亂改一通叫「賴鮭魚肚」、「詹哇沙比鮭魚」、「超粗大深海鮭魚王」、「與鮭魚一起看蔣公逆流而上」……，最長的是「陳愛臺灣國慶鮑鮪鮭魚松葉蟹海膽干貝龍蝦和牛肉美福華君品晶華希爾頓凱薩老爺」三十六字，這人是怕之後再推出類此活動，把心中美食及心儀飯店一網打盡一勞永逸嗎？

接下來的慘劇是，許多人並不知父母早因算命或其他原因把自己改名的Quota給用完了（依戶政法規定三次為限），因此再也改不回原來的名字，必須和「鮭魚」相伴一生，好在上有政策下有對策，可鑽的法律漏洞是把爸爸也改成「鮭魚」，父子不能同名同姓，改名次數便不在此限，但前提是，做爸爸的改名Quota夠用，不然像抓交替般，換成爸爸變鮭魚了。

這樣的玩法，自然讓人嗤之以鼻，還引得國際媒體報導，簡直是丟臉丟到外國去了，所以對這始作俑者的「壽司郎」是不無反感的，一直到去年初「舔舔」事件發生，一日本高中屁孩上傳在店內用餐時狂舔醬油罐的影片，致使「壽司郎」生意大挫，瞬間股票市值蒸發一百六十億日圓。抱著同情心態，首次踏入這間迴轉壽司店，不想自此三不五時便會來此報到，除了現點現食鍋氣的滿足，他們按時令推出的各種「祭」也很具吸引力，除優惠外，還有新品可嚐鮮，前一陣子的「鮭魚祭」（好在沒再玩之前偕音同名的遊戲），其中一款軍艦鮭魚腹碎丁加醃漬黃蘿蔔乾絲，便搭配得極美，鮭魚腹的柔潤加醃漬蘿蔔的爽脆，滋味口感出人意表的和諧，推出期間只點選它就足夠了，但隨著季節限定結束，這款軍艦也消失無形。

他們家的炸物也好，綜合天婦羅裡的每一樣食材都佳，分量也足，另單品的炸花枝握壽司扎扎實實兩大塊，蒜味淋醬也妥，較接近中式口味，另一炸茄子，上面鋪就的肉醬幾可認定就是「廣達香」，出現在這日式餐廳卻一點違和感也無，光是茄子紫豔豔油亮亮的模樣便令人難以抗拒。

我以為這「壽司郎」表現較差是在湯品部分，鮮度明顯不足，即便加了蛤蜊的味噌醬湯，也只鹹滋滋乏善可陳，「濱」的強項倒是湯品，四十元一碗只有海苔的醬湯，鮮美的讓人無法忽視，若添了文蛤，那就更有滋味了。「壽司郎」的拉麵湯頭倒濃郁，只是分量迷你到像在臺南吃擔仔麵，兩口一碗要價三倍基本盤，有些不划算。「九州祭」期間，也推過一款明太子熱麵，滋味是好的，一樣的價錢，但滿滿明太子，就覺得值多了，但同樣隨著季節限定結束，它也失了蹤影。

無論是「壽司郎」或「濱」，其實在本國日本、南國臺灣的營業額，曾經都比不上「藏」（這是二〇二二的數據），「藏」之所以名列第一，是因著在此每消費五盤就能抽獎一次，近期則是每盤加價十元，就能提升中獎機率，問題是那扭蛋贈品多是動漫周邊商品，我是一絲興趣也無，若換成贈送三碟五碟或折扣優惠，金牛座如我或許就心動了，但顯然不作如是想的消費者還是居多，「藏」的熱火程度一時半會兒還下不來。

我和姊姊一致認為這些日本來的直營店，CP值最高的就是蔥花鮪魚軍艦，那鮪魚泥呈粉紅色，甘甜自不在話下，重要的是這以湯匙刮取的肉泥在臺灣不容易吃到，之前至東瀛自旅，早餐時分總喜至連鎖店「SUKIYA」報到，他們有一品丼飯，滾熱的白米飯上鋪一厚層的蔥花鮪魚泥，要價不到五百日圓，鮮美營養又健康，但「SUKIYA」來臺展店，卻不提供這款丼飯，真令人失望，是臺灣不懂得處理這靠近魚皮肉骨的食材嗎？

日本貴族是不吃鮪魚肚腹的，背部紅森森的赤身才是他們的選擇，哈哈！這世界還是公平的，權貴所食所用也許是最昂貴的，但不見得是最美最好的，這也是我每每逛高檔超市和傳統市場比價後最深的體悟。

這兩三年疫情緣故，蜷縮島內哪兒都去不了，以往一年不止一次的北飛東瀛，除了實在近、實在方便，還因每次去總有新的發現、新的意義，那些尋常百姓人家，那些不在觀光指南上的鄉野、港灣、驛站，是多麼令人心生嚮往想一一履及，當然近老的飲食習慣改變，也和素簡講究原味呈現的日式料理愈趨合拍，短時間內還沒旅行的計畫，那麼在生活周遭先享受些原汁原味的異國美食，還是可以稍解遨遊之渴吧！

自助餐

在臺灣，自助餐有兩種指稱，一是價廉物美、庶民用以解決吃飯問題、街頭巷尾隨處可見的小店鋪。另一則是高檔餐廳，以人頭計算吃到飽的Buffet，從冷盤生鮮沙拉、熱湯炸物、主食海鮮牛排及各式肉品，到飯後甜點、知名品牌冰淇淋、當令水果，任君選用，所費自然不貲，人難免有回本心態，所以最適合大胃王或年輕族群。

「能吃能做」是母親始終信守的，因此我們姊妹仨從小就好胃口，細緻的餐點能享受，粗食淡飯一樣吃得津津有味，求學期間端看我們的軍用大便當，是連男生都瞠乎其後的。因此，那吃到飽的供餐方式也曾是我們的選擇，畢竟那段時間，走到哪兒都是Buffet餐廳。

八〇年代，吃到飽的Buffet如雨後春筍遍及臺灣每個角落，西式餐飲自不必說，中式餐廳亦推出類似服務，除高檔食材如海鮮類，點餐時有次數限制，其他菜餚是無限供應的，日式泰式料理亦跟進，那段時間，似乎不以這方式經營，餐廳便競爭不下去。曾幾何時，臺灣同胞全成了大肚腸，不如此用餐，口腹便得不到滿足。

所以有時宴請朋友，也不得不選擇吃到飽的餐廳，一次阿城來臺灣，因不清楚他的好惡，想著多樣供食的Buffet，總能遇著幾樣他愛的餐點吧！便請至四星旅店附設的餐廳，不想兩輪過去，他便停了刀叉，接著便靜靜坐在位置上，眾人鼓動他繼續進食，不然很划不來的，他淡淡的說：「身體是自己的。」那時不解，年過半百便完全明白，若此冷熱混搭、生熟不分的海吃海喝，全然就是和自己的腸胃過不去，年輕的飽頂多至食醉讓人醺然只想睡，但年長的撐就是致命的難受，心臟狂跳滿頭冒汗，那身體機器哐啷啷的隨時可能解體。

且如此海吃海喝是和環保動保很背反的，在撈本心態催化下，浪費食物是絕對的，以海鮮主打的Buffet餐廳，對海洋濫捕只有助長，而牛肉的大量供應，也只會讓環境更惡化，畜牧產業消耗水資源驚人，牛肉產出的用水量是小麥的兩百倍，等量可養十七個人的穀類轉換成牛肉卻只能供養一人，更別提犧牲大面積林地的畜產所排放的沼氣是全球暖化最大元凶⋯⋯。所以、所以，近年來，Buffet這樣的供食方式已不那麼時興，這確實是好現象。

隱於市的臺式自助餐倒是從未退流行的始終存在著。會說隱於市是它一點也不起眼，但走在街頭巷尾，三不五時便會遇著一家這樣的店面，桌檯上擺滿各式菜餚，素的青蔬瓜筍蕈菇豆腐，葷的雞鴨魚豬牛也一樣不缺，或炒或炸或煎或滷或蒸色色俱全，蛋類一族也以各種狀態出現，滷蛋炒蛋煎荷包蛋，蒸蛋也有的，皮蛋鹹蛋也常見，總之，這自助餐提供的是家常料理，它不似Buffet講究食材，它沒特別的口味調理，但天天吃也不膩也消費得起，最重要的是，菜樣百百種，葷素任你挑，口味任你選，就算有挑食毛病，那起碼二三十種菜色，總挑的出幾樣可吃的吧。

這些遍布生活周遭的自助餐店，乍看差距不大，但細究起來，還是有許多不同，口味當然各有特色，最主要的差異是經營方式，以及老闆大器與否。大方的會在免費提供的湯鍋下功夫，一樣是大骨熬就的鍋底，有的只擱些揀剩的菜蔬應卯，好些的會放些冬瓜蘿蔔便宜食材，若鍋裡出現筍片就要偷笑了，很多女性同胞打撈功夫一流，滿滿一碗湯料可省點一道青蔬，我的大姊學生時代便靠這絕活，攢下買打字機的費用。

我見過最具誠意的自助餐老闆，不止提供料豐熱湯，夏季還供應綠豆、仙草甜湯冰品，一樣無限暢飲，其實綠豆仙草都是便宜的，一大鍋花不了幾文錢，但如此貼心服務，真的讓人不上門也難。這家店是以秤重結帳的，類此以量計費的店家，端出的菜色在質量上多沒那麼講究，但這老闆炒絲瓜用的竟是澎湖角瓜，香煎魚鮮、清蒸小管也出現，那蔥油雞竟也去骨，還住淡水時，端為這家自助餐店進城都值。

不過，來此用餐還是有忌諱的，千萬別白目的公然甩菜餚湯汁，那會遭老闆回懟白眼，計價時討不到一點好。相反的，態度客氣，老闆收費永遠低於秤價。至於選菜時的眉角就靠自己的智力了，我是再嗜食也不致蠢到在此挑選芋頭蘿蔔豆腐打重的食材。

除了秤重計價，多半自助餐店是論菜色結算的，葷素自不同價，魚鮮更是價高一等，大方的老闆抹去零頭是常見的，小器的不僅錙銖必較，寧可漠視排隊人龍，也要一文一文算清找妥，更糟的是會翻檢菜盤，生怕青蔬下藏著甚麼稀世珍寶，很侮辱人的，這樣的店家我是絕不再涉足的。

我遇過頂特別的老闆，結帳時總喜歡多加個零，七十元卻喊道七百元，看到食客驚愕表情約莫是他一天辛苦最大報償吧！這位在學區的自助餐店多年來不知嚇壞了多少新鮮人，是不是這所大學新生訓練時，也該把愛整人的老闆也列為注意事項之一呢？

是的，傳統自助餐廳是初初離家在外學子的最愛，平價、選擇多樣，營養均衡是可期的，若遇其中一兩樣合胃口的菜餚，那更可能成為忠實追隨者，我讀工專時，便會為學生宿舍自助餐廳裡的煎炕馬鈴薯丁丁收束翹課行跡乖乖去學校，巴巴過馬路爬三樓高，夥在一群男生中用餐，這行徑當然惹人側目，但工專女生本就稀有，我早已習於周遭異樣目光。然多年後才警醒，那根本就是男生宿舍附設餐廳，我是怎樣都不該出現在那兒的，唉！真箇是鳥為食亡呀！

自助餐店也是年輕上班族的最愛，超商微波食品或冷餐吃多了，會分外想念家常菜媽媽的味道，自己動手買菜切切弄弄，飯後洗盤洗鍋的，沒那時間體力，也不合經濟效益，只有傻瓜才會自找麻煩，還有的賃居套房無法開火，那更是想都別想了。這時找家正常一點的自助餐店，不是所有的問題都解決了？
所以這傳統自助餐店看來是難退流行的，至少在臺灣是如此的。

牛排館

臺灣在還沒有農畜漁產進口前，牛肉是珍貴至極的食材，等閒不會出現在家常餐桌上，除了物稀價高，本省家庭務農者眾，不食牛占多數，一般市場有個牛肉攤就不得了，有時甚至是小販騎著腳踏車來眷村裡兜售，販賣時也以兩計價，和現今量販店裡以公斤計數，完全是不同世界的事。

記得孩時，父親若連著幾天加班兼熬夜寫稿，母親便會切個二兩牛肉回來剁碎了煮稀飯補補，那三公分寬不到十公分長的暗紅肉塊用紙片包著，真是寶貝。過年時，母親才會以牛腱打底，滷出一海鍋的豆干海帶豬肝，其中最特別的是牛腸，五十元銅板直徑的牛腸裡塞滿一樣的牛腸，一位長輩吃後訝歎「ㄅㄠˇ呀！」至今不知她說的是「寶」還是「飽」。這牛腸橫切一圈一圈很有嚼勁，擺盤也十分逗趣，不太有臟器味，現今市面倒看不到了，它應是喜食牛雜華人的特有產物，進口牛雜頂多牛肚罷了。

孩時最喜看父親切滷味，客廳裡客人聊得正歡，母親從廚房拎著菜刀和厚重的木砧板擱在餐桌上，「西甯活兒細、刀工好，讓他來。」便見父親拭淨雙手、刀面，不急不徐切將起來，海帶豆干牛腸墊底，再以薄至幾近透明的牛腱片鋪排其上，周圍以棉線切割的滷蛋片裝飾，最後擺上一只雕成花的紅番茄，這手藝把色香味的「色」是發揮到了極致。爾後，只有在北方麵食店裡的捲餅中看得到類此刀工的牛腱片，店家是為省食材，若說古早牛肉金貴，父親為把食材極大化，那也得要有如此的刀工呀！

臺灣真有「牛排」這物件，應是在七〇年代經濟起飛後，當然是指一般庶民來說。很記得在此前看《誰來晚餐》這探討種族問題的影片，我卻歪樓的困惑於美國人備餐是論人頭計算，幾個人進食就準備幾塊牛排，冒然出現或帶條黃魚的，都會造成主人家極大困擾，這和華人宴客大桌伺候很不一樣，多來個客人不過就是添份碗筷添個板凳，且每個人食量不一，如此定量供應，豈不餓殺如我大肚腸輩，外國人宴客是如此謹小慎微，幾近小器了。

爾後真用刀叉吃起牛排，才知它真是要算人頭的，從湯品麵包冷盤主餐到甜點，均是各吃各的，刀叉湯匙也井水不犯河水，這比我們一雙筷子打遍天下是衛生多了，崇洋心態作祟，更覺如此進食才是文明進步。因此，在我們成長時期，至西餐廳吃份牛排——或男女約會或朋友聚餐，都是光彩事，瓊瑤三廳電影中的一廳，便是這「西餐廳」了。

那時的牛排餐是論套上桌的，還分A餐B餐，常見的湯品是玉米濃湯，佐以小竹籃子裝盛的奶油餐包，再來是一小碗沙拉，胡蘿蔔高麗菜絲、切瓣大番茄（那時鮮少小番茄），接著主菜上桌，牛排多是沙朗，若點雞腿則便宜許多，附麵條及一顆雞蛋，有黑胡椒醬蘑菇醬可淋澆，區別在辣與不辣，餐畢又有咖啡紅茶或冰或熱可選。若點的是較貴的A餐，會多添一杯不知所云的雞尾酒，及一份也不太不知所云的冷盤開胃菜，這就是年少時我們所能理解的「西餐」了。

當時的西餐廳內多有駐唱或鋼琴演奏，走的是「高檔」路線，連裝潢都採巴洛克風，厚重雕花桌椅，絲絨帶流蘇的窗簾桌布，一地長毛地氈，男女侍者皆著白襯衫黑西裝，頸間還掛著糾糾蝴蝶結，這一切努力都在營造置身歐洲宮廷用餐的氛圍，顧客們也正襟危坐配合著店家的用心良苦。

爾後，因大量境外食材流入，國人漸漸也習慣了大塊肉吃的飲食文化，牛排遂以較親民的方式出現在街頭巷尾，「我家」、「孫東寶」、「貴族世家」比賽似的展店，價位稍高的還有「鬥牛士」、「時時樂」、「龐德羅莎」，至此大家也開始會分辨沙朗、菲力、紐約客……，也懂得不同肉質不同品味可點不同熟度。不講究的，在夜市不到百元也能吃頓拼裝肉排餐，一樣附玉米濃湯、餐包，只是喝到飽的紅茶如洗杯水。

很奇特的是，在臺灣吃排餐，永遠是鐵板伺候，牛身造型的鐵板在瓦斯爐上烤到炙熱，擱在木板上，將熟麵置於鐵板上，煎至半熟的牛排覆上，一旁打顆生雞蛋，附些胡蘿蔔玉米筍青花菜，淋上黑胡椒醬或蘑菇紅醬即可，上桌時鐵板還滋滋作響，上蓋著一白鐵罩，吃客需趕緊以餐巾紙擋箭牌似的護著，如臨大敵的迎接這頗具殺傷力的排餐，吃頓飯何需如此辛苦？但若少了滋滋作響的鐵板，似乎就不像在吃牛排，至少臺灣同胞是這麼覺得的。

我是很早就不讓在牛排上淋些莫名其妙的醬汁佐料，只以鹽輕沾添味。多年前全家同遊扶桑賞櫻，一日避雨躲進池袋東急手，大家鳥獸散淪陷手作世界裡，獨留一老一小在其間的咖啡廳裡等候。逛累了便找父親去看看小外甥塗鴉，餓了便隨意點了份牛排，完全不抱希望只為填飽肚子，那不到一公分厚的肉是全熟的，也辨不出是何部位，看起來真不特別，且調料僅醬油而已，附的還是白米飯，這是甚麼個狀況？未料切一塊入口卻美極了，甜潤多汁，沾點醬油配上越光級晶瑩白米，再沒比這更合拍的，至此方知東洋人「西食和吃」可如此毫無違和感。

在日本也見過立食牛排店，拉麵立食常見，上班族趕時間是可想像，但來去匆匆只為吃塊肉又是個甚麼狀況？爾後在臺北東區也出現過一樣的店，便讓人覺得天龍國真是不可小覷的，從巴洛克風到站著也能吃牛排，適應能力是不一般的。

隨著經濟發展視野擴大，牛排在臺灣又進入到另個階段，純粹的美食，純粹的食肉快感，不講究的，Buffet整條烤牛肉吃到飽，有品味的至牛排專門餐廳，想得到的部位都端得出來，且一定是瓷盤盛上桌，火燎燎的鐵板至此又上不了檯面了。就曾在朋友引領下，至勞瑞斯（Lawry's）享用他們的牛肋排，這家成立於一九三八年，海外僅臺灣臺北設分店，此牛排餐廳裝潢採維多利亞風，一走進，恍若又回到年輕鄭重其事吃牛排的時光，餐前一樣附濃湯餐包，Q韌的麵包抹上充分攪拌過的香滑奶油，會令人一續再續，完全忘了之後重量級的主餐，他的沙拉也噱頭十足，裝了青蔬的不鏽鋼盆擱在冰塊上，侍者使勁、盆子便旋轉起來，那以葡萄酒調味的醬汁由侍者直臂高舉，徐徐淋在旋轉的青蔬上，這舉措應是為讓醬汁淋得更勻妥，但卻覺得好似耍雜技，得強忍著別冒出笑泡泡。

待等主餐上場，陣仗可就不一般了，先見戴著高帽一身亮白的廚師推來一密封餐車，周身銀亮不鏽鋼，簡直像某種祕密武器，據說這旋風烘烤餐車造價百萬，都可買輛好車了，但它也是供餐的關鍵所在，廚師就在你身邊依點餐厚薄熟度裝盤上桌，他們只選六至十二根的肋排肉，經二十八天熟成，橫切面幾乎和人臉大，我對牛排的品味實在不怎樣，平時七分熟是極限，朋友卻建議如此高品質的肋排吃三分的好，於是那八盎司的大片肉便浸在血水中上桌，肉質是鮮嫩，但茹毛飲血的感覺仍揮之不去。這塊臉大的肉，加上一旁的薯泥菠菜泥，讓人重擊至有無甜點上桌都無知覺無記憶，到底是美式餐飲，連我這大肚腸也舉白旗投降。

一樣令人豎白旗的是佛羅倫斯的T骨牛排，這牛排是直接火烤，只以粗鹽橄欖油調味，十分契合我對牛排的想望，但、但，這以公斤起跳的牛排未免太、太甚麼了吧！我和姊姊囑咐盡可能小份些，但鐵板端上來仍有一千兩百克，且那T骨遠比想像的小，也就是說，眼前可是貨真價實一公斤以上的排肉，姊姊前晚氣喘復發胃口不佳，吃了兩口便止步，以致其餘的全讓我包辦了，一是不想浪費食物，其二，它真是太美味了，完全符合我大塊肉吃大碗酒喝的粗獷脾性，咀嚼時鮮甜多汁，不柴不膩，與日式臺式所費不貲的菲力全然不是一件事，是我理想中的正港牛排，但胃納有限，最後到底無法將T骨周邊的肉啃食乾淨，真是遺憾！

佛羅倫斯T骨牛排之美味，當然和托斯卡尼丘陵地形、雨水足陽光好適合放牧「大白牛」（Chianina）有關，文藝復興時期便記載了麥地奇家族會在每年八月十日聖羅倫佐慶典上，以橡木、橄欖枝烤肉排分享給廣場上的人們，這對當時平日吃不起肉的平民百姓確實值得歡慶的，但一年就那麼一次？不能再多分享些？唉！我這又是強人所難了吧！總之，佛羅倫斯的T骨牛排因天時地利人和是難以複製的，至少我們回到羅馬共和廣場及中央市場再點食這道排餐時，就完全不是同樣一件事了，至今我仍為那塊未啃食乾淨的T骨留著殘念。

前些年，號稱臺灣牛排之父的「孫東寶」捲土重來，抱著懷舊的心情造訪，未料一樣被一拳擊倒，濃湯餐包就不說了，僅是那一鐵板滋滋作響的麵、蛋和排肉，就吃得我哀歎連連，是大塊肉大碗麵吃的年輕歲月不復？是嘴刁了因此食不知味？或是動保環保使然，已難不帶任何不安食肉，總之，那雖稱不上是個極恐經驗，但絕對是不想再經歷的了。

記得父親最後在醫院的日子，因化療的緣故胃口極差，但仍乖乖的吞下我們為他準備的各種支撐體力的營養品，或雞湯或精力湯，每次離開，都會問他是否想吃甚麼，一天終於他羞赧的和我說，可否帶包洋芋片來、炙烤牛排口味的洋芋片，訝然之餘詢問二姊，方知父親每回下山接外甥放學，祖孫倆會至校旁的便利超商買包零嘴一路吃回，到家前消滅證據，因外甥兒時有B肝之虞，不好這麼吃垃圾食品，但一次還是被出門下山的二姊逮個正著，據說父親當場赧然至極，二姊也就不好說些甚麼了。

父親提出這要求和形容那牛排口味包裝袋時的神情，我是永遠記得的。父親離世，收整病院櫥櫃，還藏著一大袋的洋芋片，只吃了一包，他是真想吃？

還是藉此想望著回到日常、回到一老一小相伴無憂的時光？這是爾後我每吃洋芋片必選牛排口味也一定會想的。

肆

洋芋 土豆 馬鈴薯

洋芋　土豆　馬鈴薯

曾說過，我們是經過從無到有的一代。

下一代，許多以為自然存在的事物，我們卻是在成長過程中才一一親見它們的出現。

在我們家，冰箱是小二、電視是小三出現的，洗衣機是升國中搬離眷村才買的，手搖還需接線生的電話雖自小便出現在外公家，但自家座機電話還是到國中三年級才安裝的，瓦斯爐、沖水馬桶較早，但也是遷居內湖眷村、我幼稚園才有的。

從無到有，整體上來說是幸福的，期待、親歷到享用，這過程是刻印心底快樂滿滿的。記得知道冰箱入駐那天，在學校整個早上處在興奮不安的狀態，好容易等到放學，以最快速度用小短腿飛奔回家，那不到媽媽一米五高的白冰箱，是這樣亮眼這樣簇新，讓人恨不得貼上去給它個大大的擁抱，接下來的日子便是不停把各種水果放進凍箱裡，看它們結冰後的模樣，一顆葡萄、一牙西瓜，連香蕉甘蔗也不放過，直至媽媽出聲制止：「冰箱開開關關是會壞的。」

物資匱乏，快樂卻很容易滿足。沒有可口可樂的年代，玻璃瓶國產的黑松汽水，只要半杯，像喝酒般抿上幾口，就可歡喜大半天。姊姊用稿費買回的福樂冰淇淋，挖一杓含在嘴裡，奶香、些微的巧克力香慢慢化開，心無大志的我發誓長大掙了錢，定要天天吃它一海碗，而這也是國中後才有的事。

一九八四年元月二十八日，那年我已二十五歲，麥當勞正式進駐臺灣，第一週的營業額便創了世界紀錄，同樣破世界紀錄的是一九八九臺中中港店一個月辦了六百一十八場生日派對；一九九〇高雄澄清湖店曾在一小時內服務一千三百八十九人次，也創下世界服務最快紀錄。

以臺灣如此彈丸之地，卻屢屢刷新紀錄，便可想見臺灣人對麥當勞的熱情。我們這一代不可否認的，深受美國影響，大學畢業服完兵役若要留學，美利堅幾是唯一選項，不讀書的男孩當海員跳船也要到美國，許多女孩則嫁予當時參與越戰的美國大兵到太平洋彼岸。

我們自小聽的是美國流行音樂，看的是好萊塢電影，跳的是阿哥哥、迪斯可，所以麥當勞的出現，滿足了我們對美國飲食文化的想像。坐在那敞亮簡潔的用餐環境，口裡嚼著薯條漢堡，咕嚕嚕大口喝著可口可樂，真會讓人一時恍惚，彷彿置身某個異域城市。

小孩對麥當勞的熱情更不必說了，碗筷日常突然可動爪子抓食是多恣意，餐廳一隅的遊戲區玩伴絡繹，對多是獨生子女又該多開心，有一段時間，升格父母的朋友們甚至不敢在孩子面前提及「麥當勞」這三個字，總以「大M字」代替，深怕觸動孩子敏感神經而鬧得悲劇收場，畢竟那時節「大M字」仍屬高檔，不是一般家庭天天消費得起的。

我沒在第一時間去趕那場熱鬧，光是用餐同時得和數場生日趴共處一室，且是小孩生日趴，想著就頭皮發麻。熱潮過後，仍是到麥當勞報到了，吸引我的不是漢堡不是炸雞，而是薯條，經牛油炸至金黃酥脆的薯條。

孩時，馬鈴薯多叫洋芋，第一次聽到有人稱它為土豆，是七〇年代由北京輾轉來到臺灣的古威威一家人，陸總安排威威大妹至現今臺藝大讀書，來訪時問她可習慣，她說其他還好，就是伙食差些，不是炒土豆，就是土豆燉胡蘿蔔燉肉，一時間我也狐疑，花生紅蘿蔔怎搭在一起，且天天花生確實也太寒磣了吧！後來才弄明白，臺灣土豆花生，並非內地土豆馬鈴薯，而那洋芋個頭再小，是如何也和「豆」扯不上關係呀！真有些令人發噱。

這威威妹妹令我印象深刻的另一件事，就是頭回來家，便被吾家湧出的狗兒們嚇暈在門口，是真正的暈到不省人事，對青春期健如牛的我來說，真是太酷了。

自小和二姊的飲食習慣可謂南轅北轍，軟綿的馬鈴薯是她的最愛，校外教學母親問可想帶點甚麼特別的午餐，她竟傻到只申請了兩只蒸透透且不需調料的馬鈴薯，換成我饅頭夾肉鬆或兩個菠蘿麵包，都好過這乾澀難嚥無滋無味讓人翻白眼的馬鈴薯，媽媽拿它來燉牛肉，我以為簡直是浪費了牛肉這食材。

國中後出現美乃滋醬，拿它拌馬鈴薯沙拉是我勉強可接受的。直至升工專，常因情傷翹課在外遊蕩，若身上揣了幾文錢，便會走至敦化北路與南京東路交會的「青康」戲院，花二十元可連看兩部二輪或三輪電影，這「青康」是不清場的，隨進隨看，看到飽足嘔吐了再出來都沒關係，但電影常沒道理的給剪得支離破碎，需靠自己腦補把劇情湊全。所以偶爾便會到對角線的「福樂」坐坐，在速食餐飲還沒進來、喝咖啡還未成時尚的年代，美式「福樂」是很稀有的存在。

來此，我也就只能點最低消的可樂或紅茶，假裝看書或寫些甚麼放空一下午，也是那時才發現竟有炸薯條這款美點，看著鄰座白磁盤上堆得像小山一樣金黃誘人的薯條，散發著濃濃的奶油香氣，伴隨一碟血紅番茄醬，是多麼迷人的組合，年輕感官敏銳，那視覺嗅覺刺激真是折磨，從此成了殘念，馬鈴薯有一天竟會成夢寐難求的美食。

所以當麥當勞襲捲全臺，我是抱著了一樁心願前去的，滋味如何已不太重要，滿足年少時的缺憾才是目的。不過，爾後很長一段時間，麥當勞倒也成了我託育之處，女兒兩三歲時，每天我們這對父母上完課疲累至極，至保母處接白天睡足精神最好的她，便只能去十二點才打烊的麥當勞消耗過剩精力，顯然如她鹼性電池寶寶不少，但女兒仍是那電力最強的一個，遊戲區裡大大小小玩伴輪了幾回，女兒總如白頭宮女般守到最後，接著便哄上車在外環道跑馬幾回，待她睡沉了才敢抱回家續眠，有幾次剛放上床，女兒便睜大了眼，那晶亮的雙眼，完全是電力充飽又可續航幾個鐘頭的模樣，真真讓人欲哭無淚。

爾後，隨著各式副產品零嘴出現，包括各色各味洋芋片（記得二十歲第一次吃到品客紙罐裝的洋芋片簡直驚為天人）及目前流行的如「薯條三兄弟」等，以及麥當勞的早餐薯餅，馬鈴薯已全然翻轉了我的三觀。不過，打從心底覺得馬鈴薯好吃，是在北海道，削了皮只刷了奶油烤炙，三顆一串販售，香氣十足，重要的是完全吃得出馬鈴薯的原味、自然的甜美，那質感也完全不同於過往的乾澀。也許也因著年齡到了，對綿密軟爛的食物不再排斥，甚至加了松露油或牛肉醬汁的薯泥，也成了停不下杓子的佳餚。

這回去義大利，更深深為佐餐的馬鈴薯折服，切成大塊帶皮經炙烤後，只些微撒了些鹽和香草末，便皮脆肉香好滋味，完全可當主食饜足脾胃，是他們的火山土沃肥？是托斯卡尼陽光金亮？是地中海暖風潤澤？所有食材素顏相見便美到不可方物，想想大廚到此也束手吧！原有乳糖不耐症毛病的我，在義大利連喝半個月的Cappuccino、大啖各式乳製品也無礙，回臺只一杯拿鐵，便腹瀉不止，究竟是個甚麼道理，至今我仍沒想清楚。

爾今麥當勞遍布各地，也早已平價到三餐都可在此打發，反而是健康考量會令人卻步。我不時仍會光顧，吃著薯條回顧著年輕種種，回憶那當時便已有些老舊的「青康」，回憶那早已被高聳玻璃帷幕大樓取代的「福樂」，回憶那許多當初遊蕩逗留已渺不可尋的街景地標……，原來從有到無也是此生必須的經歷。

下一代來到自然存在的麥當勞，當然單純多了，無懸念竟自吃喝就是。我的女兒屬於麥當勞的Quota似乎已在三歲前用盡了，以致爾後這三個字全然勾不起她的興趣，尤其進入青春期，想誘她陪我回味一下薯條的滋味，她也總以「太炸了」也就是太油膩拒絕。相較於我，她對這「大M字」的殘念，或許是幼兒期，每天最盼望和父母一起、卻值我們最疲累的狀況下在麥當勞度過，那成長過程中親子關係可以是最親密的短暫時光，當時我卻以為漫無止盡可大筆消耗的，真真令人悲傷。

包穀　玉米　玉蜀黍

最近和朋友聚會，祖籍東北的她說起多年前的趣事，乍到老家，簡直讓遍地包穀驚狂到一種地步，嗜食此物的她，打開後門貼臉便是比人高的玉蜀黍，夜裡如廁也在玉米田，她在那兒見識到各式品種的包穀，供人食用的、做動物口糧的，色色樣樣都有，真是開了眼界。臨走，親人便為她準備一大痲袋玉米上路，巴士上吃、飛機上吃，一路吃到上海，坐在黃浦外灘仍啃著包穀看夜景，她這一生的玉米Quota約莫在那一個禮拜都吃盡了。

之前在北京吃過糯玉米，個頭足比臺灣大上一倍，Q糯也比臺灣的好吃一倍，可惜是為上課去的，並沒親人打包了讓我一路吃回臺灣。因此拍《文學朱家》紀錄片隨劇組走訪南京及宿遷老家時，多盼望同樣嗜吃玉米的姊姊們能嚐到這人間美味。適時農家菜正夯，在南京幾次大宴，席間總會端上一盆蒸煮的紅薯芋頭山藥，就是沒有玉蜀黍的身影，令人好不失望。

最後回老家投宿的酒店，早餐自助吧檯上念茲在茲的玉米終於現身，切成一圈一圈兩公分厚，不敢嫌棄它的太過秀氣，急切走告天下，瞬間，我們姊妹仨硬把人家一海盤吃到光。老家那酒店的廚房，在我們投宿的三天裡，約莫狐疑，這些臺灣同胞是餓慘了，還是發生了甚麼事。

這玉蜀黍是在十五世紀末由哥倫布從中南美洲帶到西班牙（亦有一說，源頭來自西雙版納），爾後數年間便傳遍全世界，海峽兩岸亦在其中。目前全世界有三分之一的人口以此為主食，更別提間接提供肉食的動物也靠大量玉米餵食。

玉米出現在臺灣，三百多年間，一直是以混種產量不佳的模式出現在山坡旱地上，直到一九五〇年代，自境外取得了「種原」，在玉米的品種改良工作上，才向前跨進一大步。我們小時候吃的還是近「種原」的白玉米，質地較硬也沒那麼香甜，常嚼得太陽穴發疼，用來炙烤較合適，不過我們姊妹仨一樣吃得不亦樂乎！

青春期肚腹常處飢餓狀態，每逢放學回家，母親必要準備些吃食讓我們墊墊飢，有時是土司麵包，不切片，整節整節任我們剝食，那染成黷黃色夾雜稀少到可憐的葡萄乾的土司，拱形的外貌烤得金黃透亮，是如此撫慰轆轆飢腸，以致非要母親制止「一會兒晚飯吃不下！」不然整條吞下肚都有可能。

另一母親會準備的餐前點心，就是大同電鍋蒸煮的玉米，我和二姊最喜歡抹上沙茶醬果腹，且不厭其煩抹一排啃一排，滾燙玉米不那麼硬實，好入口多了，我們姊妹總是五根起跳，若是週末沒緊挨的午晚餐礙事，那麼一海鍋的玉米才能饜足。

七〇年代，臺灣市面出現黷黃品種玉米，這引進自美國、汁多飽滿很嫩很甜很是驚黷的玉米，剛上市價格不菲，看比吃的機會多多了。爾後，經過物以稀為貴的階段，這金黃玉米便沒那麼受歡迎，該是太甜太沒嚼勁了，和進口玉米醬玉米粒罐頭一個味兒，只適合做玉米濃湯。聽長住美國的小童說，他在太平洋彼岸尋尋覓覓自小喝慣的玉米濃湯卻不可得，才知此湯是臺灣料理。我們家的玉米濃湯卻始終堅持土白玉米，湯裡一樣勾芡打蛋花，只是多添了番茄丁和金鉤蝦米，少了甜膩，倒添了天然酸香、海洋鮮味。

這金黃玉米和用做乾糧飼料的穀米外觀極為相似，臺灣也曾大量種植這可餵養動物的硬質玉米，但一般是看不到的。見著它是在西安赴法門寺的路上，以及老家駱馬湖畔，柏油馬路上鋪著一片又一片的金黃包穀，令人好生疑惑，是因沒有更平坦的空間可供曬炙，還是故意任車輛來往輾壓，好省下落穀人工，若我駕車行經，是該蛇行躲避，還是快意輾壓過去？路旁是不是該立個交通牌指示指示呢？

臺灣的農產品改良工作，是在我成年後才突飛猛進的，稻米不再只有蓬萊在來之分，孩時沒吃過或仰賴進口的櫛瓜、酪梨、蒔蘿及各色香草都種得出來，水果更似澆了蜜的過甜，僅是番茄鳳梨芒果芭樂便不下數十品種，且常甜的讓人忘記它原是甚麼東西。與此同時許多古老原生種的水果卻消失難覓，如那酸甜多汁的大紅肉李，是會吃得人齜牙咧嘴，但它可以釀酒做果醬，是小黃肉李做不到的，土芒果土芭樂的濃郁香氣也是改良後的各色品種無可替代的。記得作家孟東籬臨終前唯想吃土芭樂，我卻遍尋不著，終成憾事。

玉米的改良曾一度讓人歡欣，先出現的是糯玉米，據說是兩岸開放探親，由老兵從彼岸攜回的種籽，爾後經改良出現了黑的紫的各色糯玉，而其中，白糯玉米才真真好吃，Q彈軟糯恰到好處，我是捨不得煮只敢蒸食，唯恐流失了它的香甜，還在山上時，這兩種都種過，玉米不難種，但要看時節，入夏初秋颱風季就最好別賭，只要強風來襲，莖長的玉米必定是兵敗如山倒，且收成了要快吃，擺久或冰箱擱過，鮮甜真就差多了。

近年又出現了水果玉米，有雜了些許紫些許黃的，也有白淨晶瑩如編貝的牛奶甜玉，號稱可生食，但吃起來卻和黃澄玉米般過甜無嚼勁，我是碰也不碰的。令人扼腕的是，這兩年，我最愛的糯玉米突然消失，取而代之的是彩虹玉米，白紫參差甜度倒還好，唯糯度差一截，哀歎之餘，才知農人們種甚麼是由不得已的，農會發甚麼種籽就種甚麼，那又是甚麼原因讓糯玉米消失了呢？顯然決策者不會是女性，是對玉米無感的男性同胞。

是的，從玉米是很可辨別性別的，我很少看過女性不愛吃玉米的，正如鮮見男性同胞愛吃玉米一般。套句年少戀人F的說法「那是無意義的東西」，也許吧！玉米吃來無滋無味，花了老半天啃食，既費牙口，又無法飽足，意義何在？但身為女性的我，就愛那咀嚼中慢慢散溢的糧香，即便現今只有彩虹玉米可解饞，或紫或黃粒粒飽滿，觀之便賞心悅目，而那樸實無華的白糯，更是晶瑩剔透到令人魂縈夢牽呀！

年過花甲，我們姊妹仨仍是玉米的熱烈擁護者，二姊小犬齒修整後不宜啃咬，便一顆一顆剝食著吃，大姊則是因青蔬過量，胃壁給磋磨得有些堪慮，但只要玉米一端上桌，她仍會大啖起來，非得出言喝止才會回過神來，是呀！已不能像年輕時放膽放量大啃玉米，這讓負責採買的我，收手收得真難受呀！

以玉米製成的零嘴一樣令人歡喜，我特愛爆米花，看電影若沒懷抱一桶噴香的爆米花，便覺少了甚麼似的。孩時，和二姊曾土法煉鋼的用炒菜鍋試過，受熱不勻的結果，有一半不是焦了，就是堅決保持原顆粒狀，怕浪費食物，焦黑的未爆的也都吞下肚。自從便利超商開始販售微波爆米花，便常見一女子抱著一包剛出爐的爆米花，坐在路邊目中無人盡情享受。

兩位姊姊沒我那麼瘋，但她們最近卻也迷上了玉米片「多力多滋」，且要命的總在睡前受誘惑，每每姊夫下樓喝杯睡前咖啡，就看到兩位姊姊訕然的各捧一個小碗吃著這垃圾食品，那小碗原是來掌控量的，卻在+1、+2……下，很快一大包就吃到光。

前天至Costco採買，我這始作俑者正猶豫要不要從源頭就打住這垃圾食品，卻見二姊歡欣的擲了包「多力多滋」進購物車裡，唉！到這年紀開心的事已不多，就讓包穀玉米玉蜀黍繼續扮演它提供歡愉的角色吧！

元寶餃子　清明粿

在臺灣深冬時節處處可見薺菜的蹤影，我時不時四處採擷，湊足一缽便好切切弄弄包一頓餃子，這鮮美滋味可是足足讓我引頸期盼了一年。

在所有餃子餡中，我仍最鍾情薺菜，處理時必留下根莖，那才是精華之所在，這是父親特別交代的，也因此包薺菜餃特別考驗刀工，非得切得比芝麻粒還細碎，不然那硬梗是很擾人的。

南國的薺菜總出現在粗礪地上，個頭小，根特別老，唯一長項便是滋味十足。每當我冒著生命危險在路邊尋尋覓覓時，總會驚動不少路人鄰友停車暫借問，因此也誘出一夥薺菜愛好者，如此共襄盛舉總令我憂喜參半，有福同享自然叫人歡喜，但也擔心就此多了競爭者，以後要包薺菜餃就更難了。幸得鄰人好友去年留下一批種籽，分給大家撒在菜園裡，如今我是天天都要去園裡蹲蹲，看這嬌客冒出頭沒，唉！真令人好等。

若退而求其次，韭菜是也夠辛香的，但有人就怕那吃完後的口氣，然而韭菜好吃就在它的辛辣鮮香，做盒子、煎包乃至餃子，一定不能過熟出現圂味，所以製做餡料時不宜切得過細，其他配料尤其是絞肉千萬別擱太多，也別攪拌過度，最後再淋上一些蛋汁，就可保持韭菜的鮮綠。每當我在外頭吃到一些內餡已發黃的韭菜餃，便分外思念起自己做的綠油油又會噴汁的盒子、水餃。

在外上館子，較講究的則是韭黃餡，若裡頭添些鮮蝦丁，身價就更不凡了。香菜、芹菜包餃子也不錯，但在臺灣高麗菜餃仍是最常見的，近年則推出玉米、胡蘿蔔、四季豆、韓國泡菜等奇奇怪怪的口味，反正甚麼事物經臺灣人一攪和，各種實驗性的產品都會出籠，但真正能長久保存下來的並不多。其中吃過最特別的當屬黃魚餃，滑潤鮮美自不在話下，但一枚拇指節大小要價臺幣八元（這還是二十年前的價位），嚐過一次鮮便不敢再造次了。

小時候，家裡最常以大白菜、胡瓜做餃餡，從洗到切到剁，最後還要以紗布濾去多餘的水分，再加上自己和麵擀皮，包頓餃子是很大件事的，難怪父親每拿起麵棍，便要用山東話說「好吃是餃子，舒服是躺著。」那時娛樂不多，電視還未進駐到每個家庭，更遑論3C產品了，古早人甚麼都缺就是時間多，一家人圍在桌邊，媽媽負責拌餡，爸爸負責擀皮，小孩子七手八腳在一旁瞎忙和，年齡小的只能在一旁按髻子，年紀稍長的若能軋一角包起餃子來，那可是件挺偉大的事。

我接手家中廚房後，也曾在一年除夕大玩包元寶遊戲，把洗淨的銅板，以及豆腐、糖果、年糕包進餃子裡，煮熟端上桌就等著大夥驚喜連連。戀愛中人吃到糖果最是甜蜜，打算就業的升學的吃年糕準沒錯，豆腐原代表福氣滿溢，但也有發福的意味，所有女子都避之唯恐不及，至於那銅板自然是財源滾滾沒人不歡迎的，所以得到的驚呼最是破表，但那年的財運亨通餃幾乎都讓一位座上佳賓獨享了，場面還真有些尷尬，到最後那幾枚時，我想若可能，他是寧可默不作聲把它們吞咽下去，也別再遭人又妒又羡的白眼了。

眷村出身山東籍的我，一直以為包餃子這門活兒，是入廚做羹湯的基本動作，但後來才發現會自己動手包餃子的不多，包得好的更少。每每看到別人家裡一盤盤的冷凍水餃，都不明白為甚麼有人會去吃那食之無味棄之可惜的東西，至於那肯下功夫自家包的，卻全是躺平站不起來的餃子，便會惹得我吃吃暗自發笑。一位友人也曾嘲笑愛包餃子的我是自找麻煩，花那麼大功夫吞進肚裡不都一樣，直接把麵皮、餡料吃進去不就得了，但這當然是不一樣的。

年幼時，父親曾描述在老家過年時，整個村子都是剁肉剁菜之聲，那黃芽白的甜香更是瀰漫著整個莊子，包餃子是年節的氣氛，是他童年翹首期盼的樂事。這段話讓稚齡的我第一次對父親口中的老家，產生了具體的想望，所以這元寶餃子怎可等閒視之呀！

新春方過，客家人便陸陸續續為掃墓祭祖奔忙起來，各色供品中絕不能少的便是清明艾草粄。雖說是艾草，實則還有些區分與講究，有人用端午掛在門首的艾草入味，這菊科艾草有避邪效用，奶娃兒若夜啼不止，懷疑出門時撞見了甚麼不乾淨的東西，便以曬乾的艾草浸於澡盆中，為孩子淨身。就算不信此怪力亂神之說，這艾草亦有療效，可防疔瘡上身，若拿它入味，則能調經、助消化，還有活絡血氣、治療風濕、化瘀等功效；中醫針灸時，也常以此乾葉燻灸，透過穴道導入體內，使氣血通暢，也有鎮痛等作用；若在家院裡遍植這藥草，則能驅蟲防蚊，以焚燒的方式效果更佳。

但如此好用的菊科艾草卻不是做清明粄的首選，客族人更喜採擷田邊雜草叢裡的另一種野草來提味及增加粄的柔韌，這客語發音「聶」的野草學名為鼠尾草，葉片呈飯匙形，約三公分長，肥嫩嫩的還會開鵝黃的花朵，初春即可見到它的蹤跡，清明前後採摘最適合，氣味足又不致太老，最常出現在尚未春耕的稻田邊，茶園也是它常出沒的地方，但近年因為農藥灑得兇，幾乎快找不到它的芳蹤了。

今年我的地裡便冒了一叢叢如是鮮綠的「聶」草，和鄰人說起，便動了親手做清明粄的念頭。於是大家分工合作，先從四面八方收集來一大麻袋的「聶」草，接者泡米磨米、預備餡料，選定黃道吉日便在鄰居院子裡動起手來。首要是支起一口大鍋，底下柴火燒得旺旺的，先把「聶」草入鍋川燙過，切碎後再入乾鍋加糖拌炒，這就是竅門所在，經這一道手續，會讓粄更有Q勁，接著趁熱混入白糯米和成的米糰中，經巧勁揉捏均勻，米糰呈青綠色，就可準備餡料了。

翻炒餡料一樣以大鍋伺候，豬油做底，先下香菇蝦米爆香，再置豆干肉丁爆炒，最後放入蘿蔔乾丁及切碎的青蒜拌炒至噴香撲鼻即可。若不畏油膩，過程中還可加入豬皮丁及客族專屬的香蔥油，那滋味會更足。我在一旁早被這香到不行的餡料誘到飢腸轆轆了，隨即就著熱騰騰的白飯搶鮮吃了一大海碗。

再來便將餡料包入柔韌有勁的米糰中，一個約莫手掌心大小即可，接著放進已鋪好芭蕉葉的蒸籠裡，蒸個十來分鐘就可起鍋了。很神奇的是，明明是淺綠色的粄糰，經過一蒸騰卻變成了墨綠色，且那青草芳香也慢慢溢了出來，瞬間兒時的記憶都回到眼前來。

孩提時若清明在外公家，便也會趕上類此盛宴，富黏性的粄因不好堆疊，不管是生是熟，都得平放在一個個大竹篾裡，因此飯桌上、椅子上，甚至連榻榻米上都擺滿了這一盤又一盤的清明粄。白色粄包的是蘿蔔絲的鹹粄，綠色的則是不加餡料的甜粄，底下鋪墊的是月桃葉，我住的眷村旁墳墓山上便滿是這開著一串串白花的月桃，清明掃墓加墳墓山的氣息，讓我一直認定這粄食點心是給逝去的人吃的，所以小時候是碰也不碰的。這次和鄰人好友一起包的清明粄，剛起鍋便趁熱吃了五個，攜回家來又吃了三個，好似把兒時的缺憾都補了回來。

遷居山林後與大自然為伍，又有好鄰居作夥，隨著時令節氣過日子的美夢，就這麼具體實現了。

餅

父親鍾情燒餅，姊夫更是，他們倆對吃是有一定鑑賞力的，卻並不耽溺，燒餅是少數會讓他倆念茲在茲的食糧，姊夫的光譜較寬，只要是以餅的形態出現，不拘烤的煎的炕的，他都樂於享用。他就曾和二姊認準北京一燒餅攤天天去報到，回臺還扛了整整一箱一百個。那看似平凡的貼爐燒餅會如此得鍾愛，約莫連販主都疑惑，忍不住問：「你們臺灣都吃甚麼呢？」

父親或因牙口關係，較喜食口感酥脆如蟹殼黃或北京館子裡的門丁，以及用來夾肉似馬卡龍大小的深褐色燒餅。記得一次赴宴回來的父親，對那餐的蒙古烤肉著墨不多，卻一讚再讚佐餐的芝麻燒餅，為此，二十歲左右的同學會，一聽聚餐地點在「成吉思汗」，便毫不猶疑報名參加，那時大家剛離開學校變化不大，因此所有注意力便集中在吃這件事上。

當時類此蒙古烤肉館多採自助式吃到飽，很合適年輕肚腹，食檯上擺滿各式薄切生鮮肉片，一旁蔥薑蒜配料齊備，佐味的醬料也一應俱全，麵碗大小自行取用，我總在肉片上堆滿青蔥香菜，淋上大匙香油醬油，交給師傅放在圓桌大的平鍋上烹炙，說是烤，其實更像炒，最後師傅會用長筷子沿鍋一滑，熟香的好料全落進另個乾淨大碗裡，這時就可回座好好享用了。

我是配著父親描述再三的燒餅狠吃了一頓，兩輪下來，見同桌男性同學準備就此打住，便又鼓動大家努力加餐，待等第四輪，已鮮少追隨者，那一餐，僅是燒餅便吃了八只，雖個頭不大，但也夠扎實了，因為那有著一股特殊氣味的夾肉褐色燒餅，正如父親所形容的好吃萬分。

爾後，再次吃到這味燒餅，是在北京牛街清真館，朋友帶去的這家銅爐火鍋店生意興隆，排隊許久才進得了門，點的羊肉片及各色火鍋料都好，沾醬也好，但直至那久違的燒餅上桌，才真正讓人明白大家在排甚麼隊，這館子，也只有燒餅是限量供應，一桌只能點十個，外帶都不行。北京朋友見我嗜食如此，每回來臺，總會攜上至少五十個，問她怎麼辦到的，原來是先攜家人入內用餐，除了自桌十個，再和其他桌客人打交道，一箱燒餅就這麼湊足，唉！烏為食亡莫於此呀！

年輕時怎的都吃不胖，因此我們姊妹仨並不知節制為何物，近老自以為已在減食中，但仍常讓同席人驚訝！我們的針灸師傅便常以「生猛」形容我們的胃口。「薩利亞」這義大利裔的日本連鎖餐廳，二姊點辣味雞翅總十隻起跳，大姊喜歡原味佛卡夏餅沾裹焗烤螺肉，三張是她的基本數，我則是除了白醬蘑菇筆管麵，也參與大姊的佛卡夏，且連焗田螺也不必，一張一張撕著吃，單純的麵香就美味十足，據新疆友人形容這和饢有些接近的佛卡夏，我是一口氣可吃五張。

看李娟寫新疆的饢，總令人垂涎，即便是貼著羊屎烤的，出爐拍一拍照食無誤，那濃濃糧香的酥脆，是多麼讓人神馳，對新疆的嚮往，有一半是因著這剛出爐的饢。據說現在板橋也買得到新疆姑娘親製的饢，但照阿城的說法，正品的饢需在地的粗糧製成，且必得由「饢坑」烤就，柴火也必須……，總之，要吃絕品的饢，除親臨新疆再無捷徑，看來有生之年是得跑那麼一趟的。

臺灣蔥油餅原並不那麼喜歡，過油是其一，蔥過熟會和洋蔥一樣出現一股圂味，也是我避之唯恐不及的，但近日進北京口味的「天廚」卻吃到此生最味美的蔥油餅。這五十年老店是從年輕就吃起的，每當有外國友人來，若想宴請正宗中式料理，家裡多會選擇「天廚」，他們的招牌烤鴨，我以為比北京許多名店的都好，其他涼拌熱炒味道都正，煙燻大白鯧也滋味十足，只是近十年，白鯧難得，價格飆得離譜，也就捨棄這一味了。

過往因是宴客菜，點綴似的蔥油餅只是聊備一格，烤鴨捲餅都吃不來了，哪會去動那極占肚腹的麵點？不想這回一樣是請日本朋友光臨「天廚」，一桌五人，席間點了烤鴨三吃、幾道熱炒和棗泥鍋餅，連附贈的白菜心拌豆干，一張桌面已滿，二姊堅持要再點蔥油餅，且打算來個半打六張，阻止不成，只得抱著消災解難的心情動箸，未想那貌不驚人的蔥油餅竟如此酥軟，約是半煎半炕的緣故，一點也不油膩，加的蔥量也正正好，不似有些少得可憐吃不出蔥味，或多到好似青蔥餡餅，它的好滋味好口感，是讓人一口接一口停不下筷子，那一疊餅幾乎全讓我包辦了，自此「天廚」存在的意義已不是烤鴨，而是那想到就不禁垂涎的蔥油餅。

其實孩時，不太欣賞得來燒餅的乾澀，沒吃幾口，嘴裡的口水便被吸個乾淨，冷卻的朝牌餅也是強韌到難以咀嚼吞嚥，至於那鍋盔火燒，簡直是和自己的乳牙過不去，不知多少孩子換牙都拜此物所賜。後來在西安，才知這火燒是掘碎用來泡羊肉湯下肚的。而在老家吃到剛出爐的朝牌餅，外酥內軟抹上生鮮豆瓣醬，麵香醬香盈盈，才知朝牌餅該這麼吃的。很記得看著我大口啃咬這老家尋常吃食的父親投來的眼神，有著欣喜有著安慰，似乎還有著認同，與老家的互為認同，父親的笑意像動章一樣烙在我胸口。

在臺灣，豆漿燒餅店林立，賣的不僅是早餐，三餐消夜都可來此打發，有些甚至是二十四小時營業，任何時刻都可喝到濃郁的豆漿、香酥的燒餅油條，以及順應閩客各族群胃口的蘿蔔糕、蛋餅、飯糰……等。之前趕上課，常就外買一杯甜漿一套燒餅油條邊開車邊解決一餐，既省時也省錢，一次吃得正歡，突的咬到一硬物，急忙吐出，竟是半顆牙齒，驚懼的趕緊丟出窗外，太噁心了，店家師傅怎的在製做過程中把牙掉進麵糰裡也不自覺，真該回去抗議，店家或因自慚讓我終生無償消費，但這種衛生堪慮的情況還敢去嗎？而且證物已給丟了個乾淨，難不成還要去檢視每個師傅的牙是否齊全……，正當胡思亂想之際，卻發現自己的左上臼齒丟失了半壁江山，唉呀呀！

說到燒餅油條，這日本觀光客嫌惡至極的吃食，可是一家豆漿店靈魂所在，燒餅不僵不硬，即便已出爐些時，仍保酥脆是關鍵，現代人嫌油條過膩，便換夾蛋，更講究健康的夾青蔬玉米芽菜的都有，我總死心眼的只夾油條，且會抽出半條沾滾燙甜漿入口，那半酥半軟的口感是從小就鍾愛的滋味。

我不嗜甜，但紅豆湯、愛玉、仙草等該甜的還是要甜的，所以清漿絕不在選項中，二姊倒是嗜喝鹹漿，清漿中加上肉鬆、蘿蔔乾丁、蝦皮、碎油條，最後淋上醋、醬油和香油，瞬間水漿分離，雖貌似還席之物，滋味是不錯的，但甜漿仍是我的優選，尤其夠濃郁時，表面會結一層皮膜，那是父親的最愛，孩時每看他舀那薄膜入口的滿足，便覺那層豆皮是值得珍重對待的。

燒餅上多撒有芝麻，故有「吃燒餅哪有不掉芝麻」這諺語，從父親那兒卻聽到的是另則笑話，有個人邊吃燒餅邊看書，芝麻落在書頁上，便佯作翻閱、手沾芝麻送進嘴裡，夾在書縫沾黏不到怎麼辦呢？於是口中叫聲好奮力一擊，那芝麻粒便彈跳出來，妥妥的吃進肚裡。這似卓別林的窮講究，總令我們姊妹仨笑倒。

父親走後，每當吃到甚麼好的，知道他會喜歡的，總是惆悵，在他離世數年，二姊發現一家港式餐廳，他們的酥餅，已達完美境界，餡料蘿蔔絲火腿比例恰恰好，外覆的酥皮層次分明，一口咬下去，層層疊疊連內餡的鮮香全化在嘴裡，每每一口一口細細品味這人間極品的同時，我們姊妹仨總要慨歎父親若能嚐到該多好。

臺灣股市泡沫化後，這家高檔餐廳隨之消失，他們的鮑魚刺參並不讓人流連，高湯煨煮的魚翅更因保育緣故早就敬謝不敏，唯蘿蔔絲火腿酥餅是如此令人眷戀。

短暫存在的難得味覺記憶，或許也是美食最好的歸處，就讓它留存在腦海深處，永不變味、永不褪色。

冰淇淋　霜淇淋

二〇二三年五月十六日，我吃下此生應該是最後一支霜淇淋，白葡萄口味，便利商店販售。

預感吧，預感當晚的血檢報告不妙。這支碩大高聳的霜淇淋，像座山、像座分水嶺，隔斷了我不同的人生。

前些日子老友聚會，這年紀相聚，有一半時間談的是身體，各種病痛、各式療法，也才驚覺好久沒正視自己的身軀，上次健檢也是唯一的一次，是母親離世後，聽從建議，父母均因同一疾症離開，是不是該看看基因或環境對我們姊妹有一樣的影響，於是和大姊報名做了一個早晨的健檢，二姊氣喘是首要對抗的痼疾，因之未參與此次行動。

我們姊妹都遺傳了父親的「飢餓恐慌症」，不全是心理因素，症候常發生在天冷傍晚時，一旦發作，全身癱軟連說話的氣力都無，只能靠大量澱粉甜食補充才緩得過來。作家阿城說這病症往往需至外科報到，因最後常以昏厥倒地撞傷收場。我和大姊尤其嚴重，因此從前晚就必須空腹的健檢於我們實在折磨。整個檢查二十來項，在諸多檢查室穿梭往來，每每相遇，姊妹倆都相互加油打氣「撐著、撐著，就快結束了。」終於正午十二時三十分完成一切，換妥衣物急至供餐區報到，採自助無限供應的餐廳，我一口氣吞了三顆茶葉蛋、兩塊厚片土司，以及三碗稀飯、無數小菜，大姊也不遑多讓，只是將稀飯換成牛奶麥片粥。當我們大啖之際，腦子警鈴大作，仰頭搜尋是否有鏡頭監視，是否用餐狀況也是健檢項目之一？唉呀呀！

那次報告出來，紅字不少，但都在可堪接受範圍，因此和身體相安無事多年。此次經朋友一再提醒，終於去做了個血液檢查，是有預感吧，聽報告前，我堅持進超商買了個早想吃的高聳霜淇淋，哪怕必須邊開車邊吃，哪怕滴得前襟狼狽，哪怕引得一旁姊姊姊夫側目，但像是告別甚麼似的，是件非做不可的事。

孩時，能吃到的就是腳踏車推著賣的冰淇淋，老闆捏響龍頭上的小喇叭，「叭㖈、叭㖈」魔音穿透巷弄，是烈夏最動人的聲響，是每個孩子引頸期盼的，但不是所有孩子消費得起的，偶而手握兩個銅板，看著老闆用那神奇鐵杓反復刮著冒著冷煙的冰淇淋，多期盼那動作持續下去，讓球體更扎實些，最後喀嚓一聲落在薄脆的餅殼裡終結所有奢望。車上還有一博弈器物，像鐘平躺著，中間安著像指南針的金屬片，晃晃悠悠，按下紅色鈕，便會旋轉起來，最後指針停在一球、兩球、三球……，運氣好，五球都可能，再差也有得吃，賭是不賭呢？真是兩難。

暑假住外婆家，醫師外公是禁絕所有零嘴的，更遑論那或黃或紫或粉紅、號稱鳳梨芋頭草莓口味充滿色素的冰淇淋，因此，每當院外「叭㖈」聲響，便令我們痛苦萬分。一次抵不過誘惑，料想午寐的外公臥睡正酣，便像小老鼠般溜到門外叫住老闆，正交易著，只聽二樓窗簾一拉，暴喝之聲如雷劈下，當場幾個小蘿蔔頭嚇破膽四處亂竄，最後逃躲到井邊的我們，簡直覺得天都要塌下來了。出乎預料的，事後外公並沒追究，連提都沒提，約莫他也被當時我們鼠竄的模樣給逗到不行。

小五開始，年節過後，二姊會領著我至當時臺北商場龍頭「第一百貨公司」，用壓歲錢為家裡買一樣禮物，比如一組鬱金香酒杯，雖矮墩墩有些粗糙，但在那不講究的年代，這有著腳柱的玻璃杯還是讓家裡的餐桌多了點甚麼。

但讓我印象更深刻的是「第一百貨公司」四樓的孩童遊樂區，那時還沒有電動，網路遊戲更是遙遠，頂多就是小型的保齡球、模型汽車競賽之類的遊戲檯。走上這「兒童世界」，我關注的不是遊樂器材，而是樓梯口販售輕食的櫃檯，其實也就是爆米花、熱狗、霜淇淋，唯過年壓歲錢才買得起，且至多只能擇其一。我當然選擇冰品，手握一支奶白色的霜淇淋是盼了整年的夢，也為新年劃下美麗的句點。

青少年時期，冰淇淋也好霜淇淋也好，雖普及多了，但仍屬需咬咬牙才吃得起的零食。「臺大福利社」在當時是美好的存在，那似倉庫般的建物雖古舊昏暗，但它的茶葉蛋、霜淇淋是熠熠發亮的寶石，讓我如逐光的飛蟲白蟻飛向它。這裡提供的吃食味美，更重要的是花費只及市價一半，尤其那霜淇淋的原料該是出自校內牧場，奶香濃郁，走在椰林道上，迎著風，舔著那滋味十足的霜淇淋，是年少難以忘懷的美好。

十八歲時，在一家咖啡店吃到我名之「水中撈月」的冰品，簡直驚為天人，不過就是冰咖啡上加了一球冰淇淋，但那苦與甜搭配得恰恰好，每一口都是享受。爾後麥當勞也吃得到這一味，是我必點的，吃的過程也有講究，首先把霜淇淋、冰塊、咖啡交界處的霜降搶時間吃進嘴裡，那是最美的部位，接著一杓杓品味那奶味十足的霜淇淋，再來便徐徐喝下那殘存些許月光的咖啡，最後便是大口咀嚼碎冰塊，整個過程無一不歡。

一次好容易冬過，琢磨著這「水中撈月」該已面市，興沖沖至麥當勞報到，不想臨櫃工讀生告訴我沒這樣品項，我不可置信的一再確認，得到的答案都如是，於是忍不住質問：「你們還賣冰咖啡？那霜淇淋呢？那為甚麼不賣冰咖啡漂浮呢？」約莫這已超出那工讀小女生的理解與職權，連忙請來經理應付，知道他們當年是不打算推出這商品了，我妥協道：「那我點一杯冰咖啡、一客霜淇淋，把它們裝在一起可以嗎？」經理首肯，我也終於如願捧著我的「水中撈月」坐進車裡，蹬開涼鞋盤起腿，依我的講究美美的享受這得來不易客製化的冰咖啡漂浮。

後來，和女兒說起這事，她問為甚麼不就直接買這兩樣再自己混一起就好，我努力解釋倒栽蔥的漂浮是不一樣的，且那霜降最可口的部分就得犧牲，但從她和那經理、工讀小女生一式一樣的神情裡讀到，我就是個不折不扣的奧客。

基於對漂浮冰咖啡的鍾情，一次至Godiva門市內用時，特意點了份同樣的組合，那巧克力霜淇淋旁是杯Espresso，依建議將滾熱咖啡淋在霜淇淋上，本就濃郁的巧克力瞬間加乘，苦香爆表，是空前的味覺嗅覺經驗，但應也是絕後，那晚鎮夜亢奮，腦袋輪轉不休到天明，這漂浮組合的殺傷力真不可小覷。

漂洋過海來到臺灣的各式舶來品冰淇淋，我和姊姊最中意的是「31」，這在一九四五年發源於南加州的跨國冰淇淋連鎖專賣店的唐金集團，旗下另一品牌的「Mister Donut」甜甜圈更為國人所熟知。相較於「哈根達斯」，它的奶味沒那麼重，且口味更繁複，它的標誌「BR」隱藏著「31」意涵，因為他們標榜每個月都能提供三十一種口味的冰淇淋，也就是說顧客天天都能吃到不同口味的冰淇淋。

至今為止他們已開發逾千種口味，來到「31」，若有選擇困難症也沒關係，店員會用粉紅杓子挖一口讓你嚐嚐再做決定，我們總在濃香苦甜的牙買加杏仁富滋和酸到令人心神一爽的彩虹雪酪間擺盪，最後總會忍不住點個一夸脫一大杯，一半牙買加一半彩虹雪酪，兩人合吃個過癮。

在日本也吃得到「31」，但多半時候我是入境隨俗的，因為北海道酪農發展純熟，他們的乳製品均屬上乘，冰淇淋霜淇淋自然美好。

夕張哈蜜瓜、京都抹茶都令人眷戀，唯獨味噌口味及烏漆麻黑的烏賊霜淇淋還未嚐過，那會是甚麼滋味，著實令人好奇。其實在他們的便利商店就能吃到季節限定頗具水準的霜淇淋，我便曾在他們的「MINISTOP」吃到一款白桃口味的霜淇淋，至今無法忘懷。

臺北流行過一陣的義大利冰淇淋，乳含量低，吃起來清爽，也是我所愛，但會留在心底難以忘懷的是寒風刺骨立於箱根山頭舔食的那一味奶香，冷冬嵐山坐在室外看著雪花飄落抹茶霜淇淋上的玄妙，哪怕孩提時滿是色素香料的「叭噗」，冰淇淋霜淇淋於我，早不止是口舌之欲，它所帶來幸福滿滿的記憶，是我多不願告別的過往呀！

香腸　臘腸

前幾日，聽姊夫說我是少見嗜食香腸的女性同胞，這不知是褒是貶，卻也是事實，但其實我更愛的是外省口味的臘腸，蒸透了切片配白米飯，百吃不厭，香腸臘腸於我是兩種不同美食，感受有差別，吃法也有異。

香腸，除了家中慢火煎炙，路邊燒烤亦隨處可見，叉根竹籤邊走邊吃，若不怕醺人佐以生蒜尤佳。這是臺灣路邊攤標配，指的是香腸和蒜頭，也指的是夜市、廟會……，只要人潮聚集，那架著烤箱掛著一串串香腸的單騎小攤一定不缺席。曾和朋友相約至陽明山華岡欣賞臺北夜景，也被一旁小攤炙烤味擾得人手一支香腸，當場浪漫氛圍變成嘉年華，臺式嘉年華。

之前還聽不只一位男性友人說過，服役期間，每逢演習師對抗，紅藍兩軍為求勝出，總將移防視為最高機密，連他們帶兵的預官排長都不知移動後下個休息點，但屢試不爽的每每還未走近，香腸炙香味便早已恭候在哪兒了。當然綠豆湯仙草愛玉的小販也有，但生意最好的仍是烤香腸，若做情搜，這些販主該是最佳人選。

不過最扯的，還是一九八一年遠航三義空難，航機高空解體，火炎山周遭遍布罹難者遺體，救難義消救援搜尋之際，看熱鬧吃瓜群眾蝟集不說，連烤香腸的也來湊一腳，這就太過分了。而有日本張愛玲稱謂的向田邦子，也喪生此次空難，從這航機因常飛澎湖載運大量海產，導致金屬腐蝕解體釀禍到搜救時吃瓜群眾的荒謬，讓人不禁哀歎，四十年前的臺灣曾是如此野蠻呀。

隨著經濟成長，臺灣的中秋也可稱為烤肉節，賞得到月、吃得到月餅都不重要，頂頂要緊的是烤得到肉，就算颱風來襲，躲在車庫任免洗餐盤滿天飛，這烤肉還是必須堅持的，端看節近，超市賣場滿坑滿谷烤架炭火及各式想得到想不到的可烤食材，便知臺灣是如何嚴陣以待中秋烤肉這件事。

烤肉是極費食材的，若以肉食為主，更是如此。小時在收割完的田地裡焢窯，可選擇的也只有地瓜，而後進入青春期，郊遊烤肉成為時興，但頂多升級為肉片，且一定搭配土司，才填得飽肚子，那土司還可當盤子，好使得很。陸續添加魚蝦貝類及各式蕈菇青蔬筍類，則是很後來的事，畢竟要有那樣的經濟條件才玩得起。不過花樣再變，香腸永遠是不會缺席的。

其實臺灣香腸始終偏甜，為保持多汁，也不多加曬炙烘乾，適合香煎炙烤，這和我們自小習慣的蒸食外省臘腸很不一樣。匯集大江南北各路人馬的眷村，平時三餐便有出入，逢年過節更見差異，臘月時分，各家掛在院牆的年貨便千奇百樣，如彌勒佛的豬頭、如旌旗招展的魚乾、如用竹篾撐起的膽肝……，見物如見人，端看這些臘味，便很知道這主人家來自哪個省份。而其中必須有的仍是臘腸，且均是自家灌製，從挑肉、切丁、調味到灌妥曝曬，皆親力親為，在那樣的年代，端午節粽子新春年貨從來沒外買的道理。

客家人似乎沒製做臘腸這事，因此母親的臘腸是從鄰居媽媽那兒習得的，究竟是哪個省份已不可考，味道偏鹹，白花花的肥瘦各半，這和後來講究健康瘦肉居多很不一樣，除成本考量，應也和父親嗜肥有關，父親不僅是無辣不食，且是無肥不歡的，就曾和同事比拚三層扣肉，最後以一打十二盤勝出。

母親灌製臘腸也以量取勝，滿滿一竹竿，不時得拿縫衣針戳戳，讓裡頭空氣排出，這是孩子可完成的任務，另即是和姊姊早晚扛進扛出工程浩大，天晴日頭高照倒也還好，怕的是連日陰雨，便等著看那花花腸先是泛白，漸次染上一層綠，吃是不吃呢？當然是刷子刷一刷，照樣吃下肚，那泛酸滋味令人永誌。

過年大人忙翻天，孩子卻值寒假閒閒沒事做，不安分的男孩便處處生事，我便曾被他們用水管自製的火箭炮射中，損失頭頂一糺毛髮，那煙硝火燎味久久難消；他們另一劣行，便是帶把削鉛筆小刀遊走村裡，趁大人午寐潛進院裡割幾條臘腸，接著集合村外野地生起火來燒烤，邊吃還邊品頭論足，這家過鹹打死賣鹽的，那家辣得人鼻涕眼淚直流，豆腐腸更被嫌棄到不行……，偶遇合胃口讚歎不已時，一旁死黨臉不紅氣不喘答道：「這是你家的呀！」

吾家無竊郎，卻有竊貓幾枚，不止臘腸，連臘肉都整條攜回，若不是那旌旗魚乾比風箏還大，整條拖回來都有可能。面對若此贓物，總不好挨家挨戶道歉讓人領回，只能煮熟了幫貓狗加菜，這年菜可是牠們自個兒掙來的。

臺灣正式進入工商社會，雙薪小家庭逢年過節，沒人傻到會自己包粽子灌香腸，除非媽媽婆婆供應，多就外買市售的應景。我在婚後第一年曾不信邪打起自灌臘腸的主意，憑記憶把買回的十斤肉切妥調好味，還不計血本加了高粱酒，卻在灌製過程中踢到鐵板，一般的漏斗管徑太小，換上切去尾端的寶特瓶，肉塊是灌得進去，卻粗胖不成形，奮鬥一個晚上最終投降收場。隔天找肉攤老闆娘求救，只見她把腸衣全套在絞肉機上，徐徐放入肉塊，不到五分鐘，十斤臘腸便勻勻妥妥灌好。至此，再不敢玩這遊戲，有些事，還是交給專業的好。

爾後年前，總會至南門市場踅踅，那兒算外省食材的大本營，南北乾貨、熟食鮮菜一樣想得到想不到的都有，它的青蔬攤上擺放的均是處理過、可回家直接下鍋的，空心菜芥蘭都摘妥只取最鮮嫩部位，更別提去了莢只剩米粒大小的豌豆仁，這些都是論兩計價的，季節對連薺菜也買得到，只是要價一斤八百，令人咋舌。熟食鋪的琳琅菜餚永遠令人垂涎，但只能遠觀，那價位也是不可褻玩的。

剛成家時，經濟窘迫，來此也只是沾沾年味罷了，爾後遷居外縣市，再回南門市場辦年貨，就算經濟條件改善了，也多只選他處難覓的東北酸白菜、生鮮臭豆腐、南乳之類，再來就是湖南臘腸臘肉，價錢再高咬咬牙也必須要買，除了年味，也真真好吃，攜回蒸妥切片配大白米，可連吃三碗，湯汁淋一淋，又是一大碗，用它來烤披薩也比各式西洋火腿腸都合拍。

後來去彼岸講座，隨意在超市買了真空包的臘味，不想味道出奇的好，才知湖南也好，四川也好，那滋味和孩提時的記憶相同，且還更味美，重要的是價位不及臺灣一半。幾位內地小朋友知道我好這一味，從此貨源不絕，但這豐饒的年月，隨著所有肉製產品不得攜入境也告終了。

港式的玫瑰腸肝腸做成煲是好吃的，但仍是帶甜，就更別說以甜為主調的臺式香腸，於我，那已是另一種食物了，吃它，講究的是質感，肉質是一，手切又是一，姊夫家的便是翹楚，加了高粱分外噴香，據說是姊夫外公那邊真傳，連平日不吃香腸的姊姊都讚歎，但似乎女兒也好，媳婦也好，都未接棒這香腸的製做，這門手藝也就失傳了。

能依稀媲美的是吳興街深坑黑豬肉香腸，這肉攤賣的是生貨，得回家細火煎透了吃，未添粉、口感結實很具嚼勁，唯還是加了許五香調料，可惜了；泉州街的「黃家香腸」永遠車水馬龍，現烤現吃配上隔壁的金桔檸檬茶，就是地道臺灣美點；艋舺「熱海海鮮」旁的「李家香腸」也是炭火烤就，外帶可以，點進「熱海」亦可，第一回吃，便是老友請吃海鮮，坐定，先上桌的除了同是鄰攤的滷味雞腳凍，便是一盤燎氣十足的「李家」香腸，不知大家是餓還是真美味，三兩下便清盤了，吃得不過癮，爾後還專程開車去買過，忍不住邊駕車邊大啖起來，足以燙傷唇舌的程度，讓這家香腸增色不少。

在臺北提到烤香腸，自然不能忽略士林夜市裡的大香腸，這從年輕就存在的攤食，在當時一樣只能遠觀無法褻食，比之於「大餅包小餅」、蚵仔煎、甜不辣……學生級別的吃食，它更像社會人士的享受，待等成年吃得起了，士林夜市卻已不在生活動線上了。前些時，和女兒經過，跳下車進去晃蕩，卻整個的失落，周邊攤商零落，圈縮在水泥空間裡的食攤也走了樣，各式小吃沒一樣勾得起胃口，是已屆不合適攤販吃食的年紀了嗎？還是臺灣經濟真差到夜市生意都受影響？那晚我沒找著煙火燎烤的香腸攤，連那蚵仔煎都換了模樣，整個的士林夜市只有黯淡兩字可形容。

如今，我凍箱裡還冰存著一袋彼岸小朋友托父親自製的成都臘腸，捨不得吃，留種似的珍藏著。若我的冰箱是個聚寶盆，能源源不絕生產這臘味，若我的腎臟還完好，能繼續享受這一味，那麼餘生還是可期的。

螃蟹

女兒國小一年級的寒假作業要他們自製燈謎，她寫了道題要我猜「八隻腳我怕怕」，熟知她的我當然說出了謎底「蜘蛛」。我便也出了道題「八隻腳我愛吃」，她想都沒想便揭曉「螃蟹」，真箇是母女連心呀！

母系外公嗜蟹，客族總以「毛蟹」（ㄇㄠ ㄏㄞˋ）統稱，不知是早年只吃得到溪流裡淡水毛蟹的緣故嗎？還住苗栗時，不時會帶些蟹回去與他分享，多是紅蟳青蟹之屬，他一樣吃得開心，反而是淡水毛蟹一次都沒買過，當時市場裡也看不到。

父親也嗜蟹，我們小時不知有紅蟳，也沒見過花蟹、三點蟹，更遑論現今進口碩大的帝王、松葉蟹，那時一般唯能選擇的就是梭子蟹，且是已經冷藏冷凍過的往生蟹，作法也只有一種，那就是清蒸。把那藍中帶紫的海蟹刷乾淨了放進大同電鍋，父親便會以他超凡刀工，把老薑切成細末浸在鎮江醋裡，忙完這活兒，螃蟹也將好起鍋，豔橘熟蟹在父親巧手下，扒開殼、剝去腮和心臟，再把我們稱做鉗子的大螯、細腳分門別類擺妥，其中定會留只殼讓父親當器皿，當大家已張牙舞爪開吃了，父親卻像一個雕刻師傅，用蟹腳尖端把肉從似夾艙的殼裡抽絲剝繭出來，連細長腿肉也不放過，當然那硬殼器皿裡的蟹黃或蟹膏也會掏乾淨，全集中在殼當央堆得小山一樣，最後淋上薑醋，斟一盅大麯，才慢慢品嚐起來，父親那滿足全顯現臉上，可真是南面王不換呀！

在如此薰陶下，當然會覺得吃蟹是件美極的事。也曾看過一位愛蟹如命九十歲的老爺爺，為方便起臥，餐桌便擱在他榻前，每當兒孫把蟹端上桌，他一定彈坐起來，從餐桌下的抽屜裡拿出把小榔頭，好整以暇準備大嗑一番。我吃蟹全靠爪牙，夜市裡買的炒蟹腳，也能靠著大齒咬開，再以爪子吃到乾乾淨淨，但和父親相比，還是差之千里，經他拆解過的蟹，是完全能組裝回一標本，那蟹在天之靈都會感動的，所以自小每每看到人吃蟹像嚼甘蔗一般隨便，便分外覺得難受。

我約莫是到二十幾歲才知道青蟹的存在，這號稱蟹中勞力士的紅蟳確實不凡，一般蟹性寒，與許多食物犯沖不可同食，這蟳卻可以麻油雞的烹調分式用來坐月子補身，臺式料理豪華菜單不可或缺的便是紅蟳油飯，但愛蟹不喜油飯的我，老覺得燒至乾扁熟透的蟳有些給蹧蹋了。

我吃過最厲害的清蒸紅蟳，是出自宜蘭友人自家廚房，為求肉質鮮嫩，他是開了殼入鍋的，那寶貝蟹殼自然是裡朝上，主體肉的部分，則以薑片敷在蟹黃上，如此蒸的時間縮短，蟹肉不致乾澀，蟹黃也保稀嫩。從來家裡吃蟹，雖升等至紅蟳，但不懂料理的我，總把蟹蒸至透熟，那黃便呈粉狀，為此，父親曾提及大閘蟹的美，便是怎麼烹蒸都不至過柴，黃或膏永保滑嫩，若父親品嚐過這友人的手藝，或會對此勞力士紅蟳有所改觀。

父親一樣錯過了在超商就能購得陽澄湖大閘蟹的爾後時光，在他的年代，再嗜食也不會像一些老饕，秋節後專程搭機赴港大啖大閘，「九月圓臍十月尖」說的是農曆九月蟹黃飽滿適合吃母蟹，十月公蟹膏黃豐腴切莫錯失。我便曾聽聞政壇一大姊級人物，吃起大閘從不手軟，她總是掰開蟹身，左右各吸一口，管它是黃是膏，就只取這精華部分，這作法，口袋經得起，身體卻消受不了，戒不掉這口舌之欲，只好饕享後換血解決。唉！這般蹧蹋食物，別說父親，連我都覺得雷雨天她最好是別出門。

我第一次吃到大閘蟹是在彼岸南京，那時才開放探親，九〇年春隨父母返鄉，便和表哥們約好秋天再來個品蟹之旅。那年中秋如約來到金陵，時令早了些，便約好離開前再聚餐吃蟹。其實當地人並不像我們這些外地人視大閘蟹為珍寶，表哥表嫂就說下放農村時，溪流池塘裡到處都是這八腳物，那時少肉少糧常處飢餓狀態，這刮油東西沒人會去吃牠，不想爾後卻成了金貴之物了。

我好想和哥哥嫂嫂們說，何止金貴，那時節在臺灣是吃都吃不到的，從小聽父親生動的描繪，不親歷是此生都遺憾。未想，在和表哥逛「中華門」時，看到黃昏市集裡賣著小螯蝦，尼龍細繩編就的網袋一大包一大包叫賣，表哥見我新奇便買了一袋回去，佐以各式辛香料爆炒，滋味十足，肉卻少得可憐，其他人幾乎不碰，怕浪費了這道專為我做的料理，便在眾目睽睽下吃了個乾淨。不想當晚夜裡，不知是過寒還是過敏，腸胃劇痛至整個人縮成螯蝦狀，服下藥也未能緩解，真是現世報。爾後至宜興看壺、至鐘乳洞賞景，我全然下不了車，蜷縮在後座繼續呈螯蝦狀。

想當然爾的，我錯過了美美品大閘的饗宴，那天姑姑準備了一鍋十來斤的蟹，我只嚐了一口黃便停筷了，沒辦法身體不答應呀！看著大夥歡愉品蟹，不禁想起那則「中秋佳節，富人品蟹賞菊，窮人品菊賞蟹」這讓人心酸的笑話，雖原因不同，竟也是那刻的我最佳寫照。

《紅樓夢》中，薛寶釵在大觀園擺設一席蟹宴，連酒帶點心的，以及那助詩興的菊花，足夠庄家人整整一年生計，真箇是有錢人才玩得起的。而我的金陵蟹宴也不遑多讓，那時大閘是論斤秤的，一斤五百公克三十五元，換算臺幣便宜至極，卻是當時姑姑高中老師一個月的退休薪資，那一餐便吃掉了姑姑一年的退休俸，心痛呀！爾後是再也不敢造次了。

在臺灣想吃蟹卻不敢動手，只好委請朋友幫忙，一次攜了袋紅蟳至女兒保母家，從不下廚的客族男主人仗義，親自為我解決，躲在客廳的我半天聽不到動靜前往關注，卻見那幾只蟹全被卸了螯爪，眼睛還在那滴溜溜的轉，這㓻刑嚇得人結舌說不出話來，「沒辦法，螃蟹會夾人會逃跑！」保母爸爸訕然道，但我想他的潛臺詞是「都要吃下肚了，還講究殺生的方法!?」

至此，活蟹是真不敢碰了，再嗜吃也無法只為滿足口舌之欲親手解決一只活物，真嘴饞了，便婦人之仁的至賣場魚攤前詢問，有無剛往生的蟹族，運氣好遇著了，回得家來，不敢清蒸，只能切塊置入炒鍋裡乾炕，除了剁碎的蒜頭甚麼也不加，連調味也不用，因蟹身便帶海鹹，期間只需翻鍋一次，待蟹與蒜呈金黃酥香即可起鍋，這是從女兒爺爺那兒襲來的手藝，不知算不算海南料理。

臺灣好一陣子大量從彼岸進口大閘，在秋節前超商便開始接受預訂，一般高檔些的超市也直接買得到，在金陵錯過了大閘饗宴，便忍不住常至超市關心一下，一週過去、兩週過去，終至一個月過去，那常打照面已熟稔至極的兩只大閘，終於從生鮮轉移到冷藏位置，我端詳那已被保鮮膜封存的蟹良久，仍不敢確定，便請來店員詢問這蟹是否已往生，一樣無法確定的店員於是又請來經理幫忙，我們三人便在那兩只蟹前研究再研究，確認牠們是死透了，我才放心攜回家。哪知在水龍頭下沖洗，牠們、牠們，竟悠悠醒轉了過來，面對這一息尚存的活物當場驚駭至失魂，已脫落手腳的牠們要放生也絕無存活可能，最後只能咬了牙丟進鍋裡嚇跑出廚房，要問那大閘滋味如何，想想，失魂狀態下哪品得出好壞，只求再也別遇一樣的狀況，再也不敢玩一樣的遊戲了。

疫情前，姊夫至彼岸當文學獎評審，地點若在上海又逢金秋，回程多有人餽贈陽澄活蟹，姊夫總堅決婉拒，理由是攜回臺灣定被我們姊妹放生了去，在天龍國要找個合適大閘生存的環境不易，還可能破壞生態，這讓大家都困擾的事就別做了。所以、所以，至今關於大閘的美好，我仍停留在父親的描繪中，雖有些悵然，卻也並不遺憾。

女兒也嗜蟹的，品味和我差不離，不追求生猛極品，能吃到夜市的鹽酥蟹、Buffet的冷藏蟹都覺得開心，一次母女倆吃著蟹餐的同時，接到至友、女兒乾媽病逝的消息，雖是意料中的事，但仍傷慟至極。至友信仰虔誠，死亡於她是脫離多年病痛、奔赴所嚮往的天國與父神同在，但真有那樣一個美好世界存在嗎？

於是，我們母女倆約定，未來、未來，我離開人世，若發現真有那麼一個溫暖明亮的時空在著的，那麼便努力傳達訊息回來，以甚麼為密碼呢？且讓「螃蟹」成為我們母女連心的憑依吧！

三明治

這次去義大利前，原以為冷天冷食三兩日就會思念家裡的熱湯熱食，未料，那兒的飲饌是如此合脾胃，不僅賞心悅目且異常味美，半個月的旅程，沒一天胃犯痛，各式乳製品入口也沒鬧過肚子，這真真背返了我一生的飲食經驗，至今仍是個謎。

十一月於義國是旅遊淡季，無特殊慶典且適逢雨季，我們卻只遇著兩次飄雨，連傘都不必撐，行裝裡幸好沒打包雨靴，原擔心已漸次陸沉的威尼斯逢大雨是否得著青蛙裝才好逛大街的情況也沒發生，一襲羽絨衣、一雙厚底球鞋便走遍了羅馬、翡冷翠及威尼斯，梵蒂崗、萬神殿、特雷唯噴泉、西班牙階梯、羅馬廣場是一走再走，翡冷翠的聖母百花聖殿也是一繞再繞，威尼斯的聖馬可廣場則是天天報到，輕裝簡便以雙腳遊走於石板巷弄裡，沒特定目標、沒非要做的事，因為任一建築、任一街角、任一廣場都值得一看再看，駐足良久。

這樣的漫遊，最適合填飽肚子的方式，便是不時尋一小鋪點份三明治、點杯Cappuccino，選個露天座歇歇腳曬曬太陽，欣賞往來路人。義人男俊女美，尤其男子各個如會行走的雕像，上帝在此幾無失手之作，圍裙大廚、西裝侍者都似被餐廳擔誤了的明星，以此佐餐，更添進食的愉快。

但他們的餐點仍是最吸引人的，來義國屢屢驚歎他們食材的美好，各式水果都像鍍了層陽光，且像剛從自家院子裡採擷下來，每只都完熟卻似帶著朝露般的鮮香，青綠金香葡萄滿是玫瑰香氣，豔橘大紅柿更是連皮就可啃噬，甜美得不得了，這兩樣鮮果和生醃火腿是絕配，勝過金貴的哈蜜瓜。各式火腿也佐以乳酪、番茄乾出現在三明治中，只是外層多用酥烤過較脆質的麵包。

義大利的三明治著實令人開了眼界，首先那白土司三明治雖只一層夾心，卻足有我們的四倍大，放置在玻璃櫃檯冷藏著，怕水分溢失，上頭還會覆層紗布，無論夾了甚麼餡料，一口咬下仍潤澤的好似現點現做，雖沒臺灣層層疊疊三明治壯觀，但吃起來輕鬆簡單，不必擔心嘴不夠大，不必擔心一口咬下去分崩離析，弄得狼狽不堪。

在臺灣吃個三明治總似如臨大敵，尤其是烤過的總匯，想優雅進食除非拆解著吃，那也就失去了它層疊華廈的造型了。有一段時間，我挺喜歡以烤土司夾現煎荷包蛋當早餐，且那蛋必須外環焦香，黃心還保持著稀嫩，好脾氣從不敢挑剔我廚技的孩子她爸，幾次餐桌上都為那爆漿蛋汁淌了衣襟翻臉，義國大白土司三明治就永遠沒這煩惱。

第一次與洋食三明治接觸是小學五年級。開學時班上轉來幾名美顏功課又好的女孩，結束了之前四年我野蠻黑暗的統治（那時的我可是打遍全班男生無敵手），她們如花一般的舉止也讓我開了眼界，自此才知道手絹是真拿來擦汗而不止是應付晨間檢查用的，裙襬不可當扇子使，更不可用降落傘方式落座，時刻要保持百褶裙褶痕的妥貼，口渴要帶水壺，不能直接在水龍頭下狂飲生水，男生不是用來廝混用來打的，是該被嫌厭的，如此這般族繁不及備載的刷新了我的三觀。

開學好一陣子，經她們默默考察，終決定納我入她們的小圈子，自此中午吃便當必併桌同食，下課再不能狂野玩樂，須和她們聚一起聊些女孩話題，週末則偕手踏青，我們會相約搭公車至圓山飯店腳下公園，各自攜些吃食在草地野餐，媽媽為我準備的多是滷味，滷蛋豆干海帶之類的倒頗受歡迎，但最受大家青睞的還是一回族女孩攜來的三明治，白土司夾牛肉片，味道單純美好，當時土司難得，牛肉也金貴，兩者配搭在一塊，讓老土的我們很是驚豔。

平日似女神存在的這女孩是合唱團的Solo，父親海軍官階似不小，家裡就一哥哥和她，嬌氣自然天成，常時升旗回教室了，才看她睡眼惺忪姍姍來遲，老師似也沒多做苛責。她算是我們中的意見領袖，大剌剌的倒好相處，爾後畢業大家鳥獸散，她也搬離了眷村。國一時，我們約好到她民生社區的新家聚聚，一進屋，裝潢擺設全然洋式明亮簡潔，她那輕聲細語嬌小的母親為我們整治了一桌下午茶，杯盤均是成套骨瓷，完全把我們當大人看待，怕我們拘謹，便退居裡間臥房，任我們一群女娃在客廳嘰嘰喳喳聊個不休，那個午後，一如之前的三明治，是童年記憶新奇的存在。

爾後，白土司抹奶油抹果醬倒成了日常，是學生時期最簡單的早餐，趕公車攜了就跑，若不顧形象邊走邊吃也可，類此三明治成了雞肋般的存在。

好熱湯熱食的我，大概除了烤過的總匯能接受外，便利超商的三明治於我全然只為填飽肚子罷了，至於早餐店裡多抹了美乃滋又夾了些莫名其妙餡料的三明治，我永遠的敬謝不敏，餓暈了也不吃一口。

源自一九四七的「洪瑞珍」近年大火，簡單夾了火腿起司蛋皮，抹上自製抹醬，完全的復古風，另也有果醬、可可、蔥花肉鬆口味，不止國人愛，連香港朋友也當它是伴手禮，離境必要攜幾盒回去，好不好吃呢？抱著懷舊心情吃是有些意思，但每只三百卡左右的熱量，是會讓人生畏的。所以之前對三明治總存些成見，冷食、乾澀還易胖，吃它可真划不來，對常以它為主食的洋人也心生同情。

卻沒想在義大利遇到五花八門的三明治，令人目不暇給每樣都想嘗試，基本夾餡各式起司火腿排列組合無往不利，若添了油漬橄欖、番茄、菌菇、茄子，則風味十足，連那外層麵包都百百種難以抉擇，這些烤至酥脆滿是麥香的麵包，即便甚麼都不配只淋上橄欖油便是美美的享受，我們餐前的冷碟小菜，來到義國餐桌，便是先送上一籃烤麵包或原味脆棒，附一瓶還帶著植木清香的橄欖油，任你吃個夠，我常因此吃到忘其所以，連主餐也可忽略。

他們夾層的餡料給得大方，有些甚至到誇張的地步，薄切火腿肉鋪了一層又一層，加上起司、橄欖、油漬番茄，血盆大口也有撐裂的可能，他們決不亂加抹醬，全然原味，一口下去，酥脆的皮、鮮嫩的肉、醇香的起司，隨著咀嚼，含蓄雋永的滋味，真真令人無以名之。

在翡冷翠聖母百花聖殿旁，曾外帶一份添了醃漬茄子大圓形三明治，那帶著醋酸味的茄子竟也與火腿肉起司如此合拍；赴威尼斯的快捷上，一份隨意在站體買的滿滿夾餡可頌，一樣吃得人心醉神迷；聖馬可廣場上的鴿子隻隻肥碩如發福中年大叔，理直氣壯飛至餐桌上和你共食，膽怯的在桌下拾人牙慧也能飽餐，只因為他們供餐的餅皮麵包都太過酥脆，一口咬下碎渣四落，哪需「嚴禁餵食」。

回到臺灣，忍不住想複製義國的美好，努力找了少油少添加物的歐式麵包，買了差可比擬的起司火腿，卻在入口剎那哀怨的快掉下眼淚。不對，都不對，餡料不對，麵皮不對，我是再也吃不到那有著麥香酥脆又鮮嫩無添加物的起司火腿三明治了。

現今若要解愁，「保羅」的「雙重奏」可貼近至八成，雖此品項是該店ＣＰ值最高，但仍不好常吃這麼過日子，近日在「家樂福」進口商品中覓得一義大利蘇打餅乾，少鹽無添加香料，真的是記憶中的單純美好，且還來得個便宜，好大一包百元出頭，經我掃貨後沒再補貨，是不是他們打算不再進貨了，每當我用這素樸的餅乾沾淋馨香的橄欖油細細咀嚼時，總是憂心忡忡呀！

從未想過曾棄如敝屣的三明治，在有生之年竟成心心念念的夢寐，然如新疆的饢，需天時地利人和、非山寨版可替代，我的義大利三明治遂成一遙遠難企之夢呀！

伍

陽春　切仔　大麵

陽春　切仔　大麵

每每和同代人談及兒時的吃喝，一定不會遺漏的便是「陽春麵」，這清湯寡料的吃食有何好惦念的呢？在外食還奢侈的年代，一碗陽春麵是會令孩子開心的，即便它連湯頭都稱不上，純粹滾水加醬油豬油及味精，麵條或寬或細焯水後置入湯碗，再加一撮小白菜——「陽春麵」是也。

這連家中剩菜一鍋煮的大鍋麵，在滋味、嚼咕上都不如，為何會單戀此一味呢？除了外食的隔鍋麵香，那點著二十燭光搭著棚冒著白煙的麵攤，在冬夜，尤其飢腸轆轆時分，會讓人像逐光飛蟲，恨不能直奔而去。有餘裕的大人，或會切盤滷味，豆干海帶滷蛋的，葷的頂多豬耳朵豬頭皮，牛腱牛肚是發薪日或慶祝甚麼才點的，且多是饞極的單身漢才會這麼幹，日子不好這麼過的。

在還沒營養午餐的年代，上學若沒便當可帶，趕稿的媽媽又沒時間為我們送便當，那麼就會讓我們姊妹仨帶些錢至學校附近的麵店解決，又怕陽春麵營養不夠，便會讓我們帶顆生雞蛋，請老闆煮個水包蛋放進麵湯裡。那蛋用手絹包著雙手捧著帶到學校，即便妥妥的放在抽屜裡，仍怕被撞落、怕拿東西給帶出來摔在地上，一個早晨下課都不敢往外跑，像隻護窩母雞。

那真是人情味濃厚時光，我顫巍巍的將蛋交給老闆時，他眉頭皺都沒皺，妥妥的煮了個水包蛋，擱在翠玉旁像顆小太陽，真箇是美，或許是護了一早晨，那溏心蛋吃起來就是不一樣。

陽春麵自小吃，卻不知它因何取這名。爾後才知，古早小陽春指的是天氣還暖的十月，故亦有「十」的含義，上海當初推出這款庶民小食，價格便是十分錢一碗，便美其名為「陽春麵」。由此可知，這是外省第一代渡海帶來的吃食。「陽春」二字後又引申為樸實無華，甚至有些寒磣意味，如以陽春形容某物某事或某裝備某裝潢，意即基本款，除該有的有，其餘稍涉享受、豪華具闕如。

臺灣本地類此的庶民小吃也是有的，閩南的切仔麵黑白切便是，只是湯頭講究多了，除了大骨熬就，其餘黑白切料亦為這高湯增色不少，若至鵝肉攤，那看似澄清湯頭卻鮮美無比，閩式切仔麵喜用黃油麵，焯水時多添韭菜豆芽，倒也十分合味。

客族家常日子，幾乎是不吃麵食的，饅頭包子不說，連麵條也沒個影兒，鎮日三餐大白米，稀飯都不見，湯湯水水不耐飢，和苦幹實作的客族很不對盤，若想吃麵，也只能外求。我三舅便是麵食擁護者，始終住老家的他，每出差臺北必來姊姊處報到，母親便會為他奉上一海碗麵，把前晚剩菜一鍋煮，直接丟進大把麵條煮透，用大湯碗裝盛，他就能稀里糊塗吃得一根不剩，吃畢沒說兩句話，擦擦嘴就走人，彷彿來姊姊家就為這碗麵。

也難怪，有些阿舍習性的三舅，除鄉親辦桌紅白宴是從不外食的，他以為在外用餐是有失體面的，年老退休後若無人準備三餐，他為買個便當也寧可駕車至無人認得他的鄰鎮。所以在家無法開小灶滿足他吃麵的想望，只好千里迢迢找姊姊來嘍！

其實，外婆家周邊便有家常麵店可訪，隨意便可吃上一碗與切仔麵雷同的

「大麵」，正宗客族麵點多不擱豆芽及其他青蔬，也不用油麵，頂多起鍋時撒些香菜或韭菜末，它最特殊處是蔥油，雖閩式切仔麵也有這一味，但客族蔥油香味還是不一樣，也許我的半個客家血統，對這蔥油香氣還是有些偏好的。

很記得每次回苗栗銅鑼，迎賓時外婆準備的是汽水，綠色玻璃瓶的黑松汽水，剛下火車的我們每人分得滿滿一杯，喝盡還可續杯，嘉年華似的開心，平日家裡宴客，能分得小半杯就要偷笑了，但也就如此了，接下來的整個暑假，別說汽水，是甚麼零嘴也無，沒辦法，待醫生外公家這規矩是一定要守的。

另一異於常規的待遇便是結束假期北返時，火車班次多在午前，外婆怕我們餓著，便會從街上叫「大麵」，那木製長方提盒，一口氣可裝盛五六碗麵，說麵並不準確，因多是粄條，比麵寬了一倍有多，是因為如此才喚作「大麵」的嗎？粄條明明是白米做成的呀。那木盒蓋子一掀，滿滿蔥油香，不餓也食指大動，半透明的粄條滑潤順口，上面會鋪兩三片薄薄的肉片，物稀所以特別珍貴，我總會把粄條吸食盡後，再美美的享受那鹽酒醃漬過的肉片，永遠美味，也永遠不饜足。

因此，長大成家後，再回苗栗定居，三不五時便會至類此麵家報到，其中一家位在巷弄裡的「邱家粄條」是最常去的，除了味道正宗，還可單點一盤擱在湯上的薄肉片，大大滿足了兒時的不滿足。只可惜女兒並不好這一味，每央求她陪我至巷口吃碗熱湯麵，三次只允一次，且打死不吃粄條米粉麵條，只得為她點碗餛飩，那餛飩狀似穿了裙的金魚，便被我們母女稱為「魚兒餛飩」，欲她吃些青菜，便說已下肚的魚兒餛飩想吃水草，她便乖乖嚥下麵湯裡的香菜小白菜，這招五歲前都管用。

後來遷至關西，一樣是客族聚集地，這樣的麵店不少，但有名的「尢咕店」、「十六張」是給遊客吃的，我多選在地人才會光顧平價的「阿婆麵」及市場周遭的小麵店，不過這些傳統麵店口味通常是又油又鹹的，年過半百又非幹粗活的健康堪慮，還是少食為妙。在鎮公所對面的「關西水餃店」便清爽許多，店面也乾淨明亮，他們的乾麵加了醬汁偏甜，湯麵倒是地道客家風味，招牌水餃只一款，鮮嫩韭菜包就，確實韭香濃郁且鮮潤多汁值得一嚐，但我更喜歡他們自製的水晶餃，全然客家味，餃皮Q軟適度，內餡也無五香粉干擾，單純美好。每天傍晚五時開店至夜半，是關西少數提供消夜的店家。

這水晶餃在家也做得，孩提時，母親偶而會捲起袖子做起這客族鮮有的麵點來，說它是麵食並不那麼純然，因為和麵做餃皮時要加大量的太白粉，除了增加Q度，還讓餃皮呈透明狀，才能不負「水晶」這名號，母親的內餡是豬肉、豆干、高麗菜及芹菜，全切成丁狀，過油調味炒至七分熟，妥妥包進餡皮裡，每只足有小孩拳頭大，下鍋滾水一煮便呈透亮水晶，配著高湯上桌是很讓人眷眷的古早客家美點。

水晶餃和所謂外省人吃的餃子很不是一件事，口感、餡料、大小都不同，母親為此還鬧過笑話呢！高中時期，她和軟網搭檔代表學校至外縣市比賽，第一次踏進山東麵館，怕胖的隊友點了三個餃子，食量大的母親則點了五只，盤子端上來，那眼前的玲瓏物件如何跟「餃子」扯得上關係？也才明白點餐時，跑堂一臉狐疑所為何來，兩人只得羞紅了臉匆匆吞下那幾枚迷你餃子，再衝至店外抱笑成一團。

在臺北長住後，街頭巷弄裡的麵店仍是吸睛，日式拉麵店林立，外省牛肉麵也不少，但我鍾情的仍是切仔麵店，無論它是閩南或客族風味都好，最近讀了洪愛珠的《老派少女購物路線》，寫到蘆州老街的吃食，把那切仔麵米苔目及黑白切算是描述到極致了，只怕按圖索驥，一張嘴一肚腹容納不了所有。

至於那清湯寡水的陽春麵已渺不可尋，每聽那兒還有賣的，但沒一處保留孩時的單純滋味，老闆總不放心的添這加那的，弄得個四不像。但有時也懷疑，若端上桌的真是那素樸到不行的「陽春」湯麵，還真能美美的吃下肚嗎？腦海裡那冒著白煙的麵攤，是不是藏著太多自己想當然爾的美好。

一次老友聚餐，選在Buffet餐廳，冷的熱的各國料理充斥一個又一個食檯，卻見長居比利時的女性好友驚呼出聲，原來在一個角落發現了她魂縈夢牽的切仔麵攤，整場便獨鍾此味再不食其他。我是爾後出國，時間稍長，尤其身處歐洲、尤其面對冷食時，便會很沒出息的思念起「大麵」、「切仔麵」，哪怕是陽春至極的「陽春麵」，只要是熱湯熱水冒著煙氣的麵攤都好。

若說「鄉愁」，我的，約莫就是此吧。

米粉湯

相較於陽春麵、切仔麵、客家大麵，米粉湯更算是我真真切切的鄉愁吧！

孩提時，尾隨母親上市場提這提那的，就為蹭一頓外食早餐，我從不猶疑的選那攤米粉湯，且一定坐在冒煙滾滾的大鑊前，看著老闆從高高堆疊的陶碗中抽出一只，大杓一舀、正正一碗，撒點芹菜就好端到客人面前。那大鍋裡除了雪白粗米粉，還有各式黑白切，大腸、小肚、粉腸、肝連、豬肺、豬皮，還有些我不認得的部位。那挨在鍋沿咕嘟咕嘟冒著香氣的黑白切是如此誘人，即便我只能點份油豆腐佐餐，但看著老闆挾起或腸或肉的切妥一碟一碟，配些薑絲、淋上醬油膏辣椒醬，仍是興味十足，不禁暗暗發誓，長大會賺錢了，一定要天天吃個足。

小學高年級時，學校有一段時間竟供應起熱食午餐，清出的倉庫三十來坪，擺了十幾張似古董的木桌，陽光照不進來，室內永遠的黯淡老舊，在那用餐氣氛詭異，好似一群餓殍小鬼在搶食。其他還賣些甚麼不記得了，因為注意力全集中在那鍋米粉湯上，麵碗大小裝盛，清湯寡油的沒任何配料，只能挖大匙辣椒醬配上，再顫巍巍的把那染紅的滾燙的湯碗端上桌慢慢享用，少了肉呀腸的打底，滋味真的差多了，但它終究是米粉湯，讓人難以割捨，即便夥在人群裡，即便要自己端上桌，即便要冒著燙傷的危險，我仍不時期盼不帶便當的日子。

國中時期，家從內湖遷至城南，平時採買多在附近小朝市，唯宴客時會去較遠的景美市場，這市集晚間會變身夜市，當時還沒那麼火，反而是朝市熱鬧多了。這長條形的市場從頭走到尾迤邐四五百公尺，靠「應集廟」這頭吃食攤子忒多，麵攤就好幾家，冰飲楊桃汁甘蔗汁也誘人，但吸引我的仍是南端另一頭的米粉湯攤子，和母親到此，定會先來此報到，這兒的米粉湯頭一樣是各式黑白切打底，肥潤鮮滑滋味十足，最特別的是它的油豆腐是油炸後直接盛盤上桌，外酥內軟，一口咬下去不小心是會燙傷唇舌的，於我，是孩提米粉湯的升級版。

工專輟學後，在文化學院任教的父親，帶我拜訪了當時的校長，如願進入國劇系當旁聽生、拜梁秀娟老師習藝（梁老師可是四大名旦尚小雲的嫡傳弟子），每天下午和華岡藝校的學生一起練功，壓腿、踢腿、蹲馬步、耗膀子、跑圓場，一絲不敢怠惰，有時練著練著，一襲山嵐越窗而入，雲霧繚繞，很有神仙洞府的況味，長時間下來，練得個身輕如燕，時時可縱飛三尺。

但一開始並非如此，夥在一群小我兩三歲、肢體若橡皮筋的少男少女間，僅是壓腿，便覺自己好似老幹枯枝，時時有摧枯拉朽的危險，踢腿片腿又怕跟不上節奏落了隊，重下盤穩實的中國功夫，我那雙長腿毫無用武之地，全然只會礙事而已。一下午操作下來，腿腳痠痲不似自己的，全身也像散了板的分崩離析，回程一上公車便睡到死沉，太陽穴撞擊車窗至瘀青也不覺。

那時會讓我堅持每天從城南通勤兩小時到城北陽明山上課，除了學戲是夢寐以求的事，還有，也不願讓從不請託人的父親丟臉，我是實實懇懇的上足一學期的課。而那半年間，還有一個小小的吸引力誘惑著我，在文化校區旁有個米粉湯鋪子，窩在教堂旁巷子口，因是學區價錢平實，以家裡給的生活費，可以點個大碗米粉湯、一份油豆腐，及好大分量一盤的豬肺，這黑咕嚨咚家裡飯桌不會出現的食材，卻是接下來體力活重要的支撐，我總在這不起眼的小鋪子，補足身心所需，再心滿意足上工去也。

爾後成家會掙錢了，卻搬到沒米粉湯的偏鄉，偶而回臺北，心心念念的仍是這一味，一次北返，還住青田街的宣一，特帶我至附近米粉湯店報到，吃之不足，還帶了一大鍋回苗栗，不想時值仲夏，那鍋珍品攜來帶去，回到家還沒熱滾便酸了，真箇是眼淚都蹦出來了，若不是懷著孩子，冒著生命危險我還是願意吃下肚的。

近年，再回臺北居住，二姊知道我對米粉湯的痴情，便常帶我至東門市場報到。金山南路將這市場一分為二，東岸這頭，有「御牧牛」的生滾牛肉麵，勁道拉麵上擱了一排七片生牛肉，燙過的青江菜裝點上桌，老闆再以壺裝的滾燙高湯淋澆，肉片便呈粉紅鮮嫩七分熟，我更喜它清爽澄澈的湯頭，總會喝至一滴不剩。

但相較之下，西岸那畔於我才真是臥虎藏龍，除了「青霞餃」（女星林青霞每次回臺必攜數百東門餃返港），還有各式港點小菜販售，往裡走，則有幾家舶來品小鋪，賣著日韓衣物、簡單的廚房用具，先還憂心網路時代了，這些店家遲早要收攤，但想想會來此購物的多是不習網購的家庭主婦如我，這店鋪還是有存在的必要。

從這些琳琅小鋪再往裡走，便能看到兩家一式一樣的米粉湯攤子，不知他們是誰先進駐的，我們總選黃媽媽攤位。這攤位窩在朝市裡，自不可能寬裕，但在狹仄空間裡，他們已盡可能維持潔淨，尤其切盤端上的各式肉呀腸的，一點臟器味都沒，令人吃得很放心。

二姊似乎了解我童年的殘念，次次來，總點滿一桌的黑白切，我尤其喜歡他們的脆骨，不帶任何雜物，便宜又大盤，那自小便夢寐的大腸也處理得乾乾淨淨，即便我們常在他們收攤前滑壘入座，但那火候仍維持得恰恰好，柔韌不軟爛，其他切盤也保持著鮮甜。唯採用細米粉這點令人有些不慣，但吃久了，發現它少了粗米粉自帶的甜味，反而讓滋味更正。自此再回頭吃那傳統粗米粉湯，便被那隱隱甜味滋擾得有些心煩。

也曾再回頭至景美尋那少年時升級版的米粉湯，發現它已遷至巷弄裡做起夜市生意，店面不大，生意卻來個好，於是在店旁只容錯身的窄巷裡也擺了一長溜的桌椅，坐在這用餐，不時會和進出的人擦身，一個不小心腦門便會撞上陌生人的大肚腩，也算另類的「摸乳巷」吧！這攤子維持數十年的炸豆腐，外酥內軟一樣好吃，期間因應臺灣人好食炸物吧，又開發了炸甜不辣、炸魷魚、炸蝦仁等品項，果真受歡迎，攤前常擠滿人潮一位難求。

很長一段時間，習於在河畔遊走，從家下山走至木柵捷運站，進河堤經萬壽、道南、恆光、一壽四橋，再穿寶橋至景美橋，天熱大汗淋漓有些力殆時，這時，景美夜市裡的米粉湯攤子就像一盞明燈，振奮著我繼續前行。

疫情後，近日和姊姊再次來到這夜市，發現原米粉湯攤子搬到斜對角去了，店面大了，桌距也寬敞不少，但人氣卻也消散了。不用等直接就有位子，菜單和過往差不離，但所有湯盤端上桌卻都走了樣，湯頭甜滋滋，黑白切火候不對，鮮美也有差，好似隔天回鍋菜，不想浪費食物全吃進肚裡，難受又窩囊呀！近半甲子的美好就這麼隨風而逝了。

還有一遠颺的美好，也和米粉湯有關，陽明山前山公園畔的攤家所賣的芋頭米粉，可是姊姊的最愛，我雖嫌芋頭有些礙事，但煮化了的芋泥卻讓湯頭添了份濃郁，店門口另一大鍋是油炸用的，他們的炸地瓜、炸芋頭、炸蘿蔔糕均是剛起鍋的，淋上蒜醬辣醬就著芋頭米粉，是再搭不過的，尤其天冷濕寒的山上，這熱騰騰的吃食真有還魂的奇效。

一旁就是公共溫泉澡堂，男湯女湯各自獨立遙遙相望，隔了有百公尺遠，常看老人們結伴來此泡湯，說說笑笑的在廊下擦著腳著鞋襪，接著便至一旁的芋頭米粉攤小食一番，他們的地瓜薑湯也是美的，金黃地瓜滿滿一麵碗，就著甜辣湯汁喝下肚，連不好甜食的我都難以抗拒。店外不遠處，還有兩三個攤子賣著山裡野菜，城裡市集不太看得到的紅菜、川七、過貓都有，火山黑土養出的山菜就是不一樣，看著生猛猙獰，阿公阿嬤下山帶回家，兒孫也是幸福的。

然疫情後，幾次去，鋪子還在，卻呈歇業狀態，不知道是不是不打算再開張了，這場「新冠」像分水嶺般，許多事，再也回不到從前了。

之後和姊姊再來此，已不為山中美食，也從沒泡湯的打算，祖籍山東的我們洗澡可是件大事，更遑論要與人袒裎相見，多就在公園裡遊走。我和姊姊初為人母也曾一家人來此閒遊，那時穿過園區的小溪畔，還有躺椅租賃，我抱著不滿週歲的女兒和父母坐臥閒聊，姊姊帶著大頭外甥赤足在溪底看魚，那是個尋常午後，那景象並不遠呀！

公園一角的露天泳池年少時和死黨哥哥們來此夜游過，那是個安靜的夜晚，粼粼水波吸納了所有聲響，徜徉間只聽得到水的聲音，四周的靜謐是山中才有的，那晚的月很圓很亮很安靜，即將畢業離校的哥兒們也緘默，想著各自的心事吧！晃眼近五十年，一生倏忽就這麼過去了。

繞過「國際大旅館」，通往天母北投的山路，兩畔均是碩大香樟，枝葉濃密，仲夏行走其間也蔭涼愜意。

自從父母花葬至陽明山麓，來此，心情多了些躊躇，要一路走下去看看他們嗎？那綠野環繞的山谷，那有大冠鷲翱翔的天際，真是父母長眠之地？我卻相信，他們早已羽化，自由遨遊在所喜所願的時空中，那山麓谷地再美好，也侷限不了他們不羈的靈魂，他們或已相伴神遊年輕時夢寐之境大西北，或已和我們的爺爺奶奶、外公外婆重聚同享天倫，或不時回來看看我們姊妹仨和至親的孫兒……

所以來此，就單純漫遊吧！

牛肉麵

我們姊妹仨最近常被網路瘋傳的一段影片給逗得樂不可支，一隻會說人話的貓，隔著紗門大聲嚷嚷：「我要那個魚、那個魚……」見主人沒反應，繼續哭訴：「我要牛肉麵麵……」咬字之清晰，令人驚詫，可憐飼主是個外國人，全然聽不懂牠的訴求。

牛肉麵該是臺灣所獨有，尤其是紅燒口味，據說出自南部岡山空軍眷村，這是可靠的想像，畢竟在那樣的時代，薪餉較高的空軍才發展得出這樣的吃食，我們陸軍眷村周邊就沒見過用牛肉這樣珍稀食材燉煮下麵的，能吃上牛肉麵已是中學後的事了。至於清真口味的清燉牛肉麵，有一說是原自蘭州的牛肉拉麵，但以薄片見人終究和臺灣塊狀牛肉麵不似一件事，第一次在南京街頭吃到蘭州牛肉拉麵，就覺得是兩種不同吃食。

那麵攤就擺在姑姑家沈舉人巷口，出出入入很吸眼球，終於逮著空檔進去嚐鮮，師傅開口問我要幾兩麵，那是還用糧票的年代，走進任何餐廳都會遇到同樣的問題，好容易理解自己大白米的量，遇到麵條卻又傻眼，費勁交涉好，一會兒端上桌的卻清湯寡水得可以，麵上布著四五片薄肉，和想像完全不一樣，以為是當時物力維艱的緣故，爾後才知蘭州拉麵就是這等模樣。

在臺灣吃過最鮮美的清燉牛肉麵是在博愛路靠北門那頭，週日早上實踐堂聽完寇世遠牧師的傳道，父親有時會帶我們走來這清真館打打牙祭，店面熱騰騰，店裡卻明顯比一般館子潔淨，多是回族的習性吧！那麵端上桌一樣清爽怡人，澄澈湯頭喝進嘴裡卻濃郁香醇，肉塊取的是腩肚不柴不爛，火候將將好，最誘人的是湯面上晶瑩油花汪著脆綠蔥末，整個的賞心悅目，連年輕原該重口味的我，都覺得這是碗色香味俱全的牛肉麵。

若換作母親領隊，我們則多至師大牛肉麵報到，那時學校旁的師大路還未整治，兩旁布滿攤販把路逼仄得狹窄異常，幾乎無法車行，只容得下摩托車、自行車錯身，一次母親便被擦身而過的摩托給撞翻倒地，向來行走橫衝直撞是母親的習性，便自慚理虧的放那學生騎士一馬，檢視傷處並無大礙，驚魂甫定的母親才鬆了口氣說，撞擊倒地那瞬間只閃過：「完蛋了，打不成球了。」也或許就是她那網球選手的運動本能讓傷害減到最低。

這麵吃是不吃？當然照吃不誤，老實說，這兒的牛肉麵很一般，只紅燒口味，因在學區，便宜又大碗，生意興隆大家圖的就是這點。後來師大路清理乾淨，所有攤販挪進巷弄裡成了臺北饒富盛名的夜市，外邊路寬了，一旁也闢成小公園，沿著綠地開了幾家咖啡店及西式餐廳，已無法想像過往人聲雜沓的光景。公園對街有家牛肉麵店，是當初的攤販移轉過來的嗎？試過一次，味道說不上來，或許濃烈的紅燒湯頭沒太大差別，但少了老闆的吆喝、少了頭頂的棚布，感覺全走了味。

另一可大碗湯喝、大塊肉吃的去處，是大安路上的信維市場，會來此用餐，一樣是因為週日做禮拜的緣故，自寇牧師退休赴美後，我們便轉移陣地來此附近的小教堂聽道，享用屬靈聖餐後，世俗肚腹仍得解決，不遠的信維市場便是我們常光顧之處。那時還只一家退役軍人開的麵攤，就賣牛肉、豬腳、炸醬三款麵食，生意卻好極了，廊下六七張桌椅，永遠的高朋滿座，除了便宜又大碗，他的麵條還是手工刀切，根根精實，年輕牙口好，嚼久了仍太陽穴發痠，故此，又被我們喚作橡皮筋麵，二姊懷孕時便忒好此粗糧，時不時會來此報到。

這家麵攤至今仍營業著，因生意興隆，旁邊又添了兩家一式一樣的麵店，但我們永遠選擇「老趙刀切麵」，也永遠記得父親總喜以「趙教官」稱謂老闆，爾今父親離世多年，這麵店也由第二代接手，瘦高斯文的兒子，動作緩慢有點閒散氣息，但他端出來的刀切麵一樣Q韌耐嚼、一樣大塊肉伺候，味道也一樣重油重鹹，其實已不太適合我們這般初老年紀食用，但時不時仍會去報到，外帶碗牛肉麵或豬腳麵回去再多人分食，這至少開了五十年的刀切麵店，承載了多少記憶，是該繼續存在著的。

當然，許多饒富盛名的牛肉麵店也吃過不少，永康街周邊就吃遍了，其中一家名店前兩年最後一次去吃，卻平庸的可以，是因應現今少油少鹽健康概念嗎？那湯頭不僅淡且不鮮不香，肉塊麵條也平常，讓人懷疑那獎是如何評比的，也懷疑自己嘴變刁了嗎？為何年輕時視作珍品的這家貴兮兮的牛肉麵會如此叫人失望。

在臺北開了多家分店的「金春發」，應較屬臺式口味，端看麵條的不講究便是判別方法之一，他的湯頭號稱甚麼香料都不加，清燉熬煮卻悠悠帶股藥香，喜歡的人愛不釋口，相反的如二姊僅看那碗裡的陽春寬麵便抗拒，是呀，一碗合格的牛肉麵，必須是湯頭、肉塊和麵條都搭配得妥妥，紅燒濃郁湯汁佐以刀削、手切、手拉或疙瘩、貓耳朵是絕配，清燉的則以細拉麵最合適，所有機器製做的麵條，湯頭再美都會遜色不少。

此外，因著日風襲臺，不少店家以日式拉麵的概念烹製牛肉麵，麵條肉塊倒還可以，唯那湯頭以柴魚海帶打底，有種身著旗袍卻蹬著夾腳木屐的不協調，總之就是個怪。至於藏在巷弄裡越南館子的牛肉麵，加了太多南洋香料散發的自然甜，也是難以接受的，且常以火鍋肉片呈現，那麼也只能以「牛肉口味的湯麵」呼之。

還在桃園上課時，發現只要是客族聚集地，牛肉麵店特別興旺，這是因為原務農又不習麵食的客族同胞在家吃不到只好外求的緣故？走在中壢街頭，三不五時便會看到一家牛肉麵店，且多已發展至連鎖經營，我卻喜歡位在後火車站和平路上的「老北京」，他並無分店就此一家，店裡除了琳琅小菜，只賣牛肉、羊肉麵，湯頭介於紅燒清燉之間，肉塊也給得大方，最令人驚豔的是那寬幅手工拉麵，柔韌滑潤卻不失勁道，與那濃郁鮮美的湯汁一起入口，真真是享受，且還平價得很，是會讓人專程奔赴的牛肉麵店。

連鎖店若專賣牛肉麵的倒也罷了，味道不致差到哪去，也就是熱湯熱麵解決一餐，最怕的是兼賣其他丼飯、餃子鍋貼的店家，他們的牛肉湯頭都是中央廚房處理，一份份裝在塑膠袋裡，待顧客點餐後，再連袋子丟進滾鍋隔水加熱，就算這塑膠袋再耐熱，這樣的料理方式敢吃下肚嗎？我親見極富盛名「三」、「八」字開頭的連鎖餐飲，便是這麼玩法的。

另家在彼岸曾大肆展店的「康師傅」，主打的也是臺灣牛肉麵，多年前至福州演講，就在「三坊七巷」周邊活動，幾天遊走下來，發現他們的吃食和臺灣如此相近，口語腔調少了北方「兒」話音也和臺灣差不離，唯女孩們的衣著打扮有些令人驚詫，時值溽暑，巷弄裡逛街女子多蹬高跟鞋，衣著螢光黃、螢光綠或水紅、豔橘洋裝，且多是尼龍質材，我一身棉麻尚且大汗淋漓，她們是如何扛得住不中暑呢？

一樣令人驚訝的是，福州市街臺灣連鎖餐飲林立，「CO CO」、「鮮芋仙」……隨眼可見，晃神間會以為自己佇立臺北街頭。幾席大宴吃下來，自由活動便找家簡單餐廳解決一頓，抱著考察心態來到「康師傅」點了碗牛肉麵，這位在百貨公司裡的店面，裝潢擺設普普，店員似都初入服務業，招呼客人生澀得很，當湯麵端上桌時，看那服務員大拇指甲整個插在湯裡，便知管理出了問題，衛生是其一，碗匙有碰瓷，那湯頭溫度也顯然不對，果真一杓入口，溫吞至極，難怪手指泡在湯裡也無妨，那肉也迷你的可憐，四小塊方丁，塞牙縫都勉強，重點是還來個貴，同樣價錢在臺灣連鎖經營的麵店可吃到附小菜飲料的套餐還有找，這約莫是此生吃過最糟的牛肉麵了，如此忽悠彼岸同胞，生意怕是做不長的。

在臺灣競爭激烈，時不時還辦個牛肉麵大賞，激勵著店家提高品質不被淘汰，消費端的這方也努力配合四處評點打卡傳網，而我是不太跟著榜單走，仍只鍾情於街頭那幾家合自己脾胃的牛肉麵，麗水街金錦町旁的「廖家」，他的湯頭就醇厚，乳白高湯混以紅湯比例完美。東門市場裡的「御牧牛」，在煮妥的拉麵上鋪排幾片生牛肉和幾株過水青江，接著當你的面以滾燙高湯淋澆，那肉便七分熟還帶著鮮甜，他的肉量是可調整的，但我以為別貪多，淺食更可品出食材的美好。

我是難以接受高檔大飯店大餐廳裡的高檔牛肉麵，就算用的是金貴的和牛也吸引不了我，牛肉麵本就是庶民吃食，打牙祭飽餐一頓如此而已，硬要把它端上殿堂附庸風雅一番，那就離此麵食的初衷萬里遠了。

雞料理

前陣子，和姊姊回味母親的料理，其中一道竟得我們共同青睞，那就是「花椒雞」，沒親見母親實做過程，憑想像，應是雞腿搓了鹽，撒上花椒粒，醃漬若干時間，置入大同電鍋蒸熟即是，之所以美味除了花椒飄香，還有那肉經鹽洗禮多了份緊實，飼料雞的鬆軟及氣味便獲得改善，那蒸透泌出的雞汁淋在白米飯上，也是一等一的美味。

這味道單純又好料理的佳餚，和母親許許多多的菜點一樣，不知師從哪省鄰居媽媽，或哪家外食餐館，或根本就是母親的創意，已無處可考了，不過很可肯定的是，這道「花椒雞」是在我升中學後才出現在我們家餐桌上的。

為甚麼這麼說，因為國小畢業還住眷村前，雞料理是極少以家常之姿出現的，那時雞隻還未大量養殖，雞蛋也如是，商家多把蛋放在穀殼裡保護著，販售時以粗草紙糊成口袋裝妥，論斤論兩秤重計價。或許本省家庭祭祖拜拜吃雞的機會較多，我們家的雞源便來自外婆處，逢年過節攜回隻白斬雞是常有的事，除此，幾乎想不起母親做過甚麼關於雞的菜餚，也因此，自小就以為除了炒胡麻油的雞酒外，白斬是料理雞的唯一方式。所以，在我小五那年的聖誕，吃到母親的炸雞腿，那可是驚喜都不足以形容。

聖誕在那個年代是沒人理會的節日，除了藉「行憲紀念日」得以放假一天，是不太有人在意這日子意味著甚麼。我們的曾祖父是傳教士，一路從山東老家傳道至蘇北，並定居宿遷繼續做傳道人，我的叔爺爺後來讀了金陵神學院，也參與了聖經中文翻譯的工作，因此這節日於我們家族是別具意義的。

有記憶始，聖誕前幾天，我們姊妹仨便會隨著父親在客廳牆壁用大頭針釘滿繽紛的卡片，也會組裝一棵小小的聖誕樹，周身掛滿璀璨玻璃球，樹尖則是金色的伯力恆之星，一切布置妥當，就美美的等待節日到來。聖誕夜，父親會悄悄在我們枕畔放一個小禮物，或巧克力或水果糖罐，在那物資匱乏的年代，這已近奢華了。

小五那年，母親突發奇想，讓我們姊妹仨各自邀請兩個好朋友來家享用聖誕大餐，這是多麼有趣又光彩的事呀！記得那天中午，母親真的準備了一桌適合孩子們的餐點，其中一樣就是炸雞腿，滋味自然是好的，更重要的是一人可獨享完整一支的雞腿，平時白斬雞剁成塊分食，一家七八口人是正常，哪可能獨霸雞腿的，且對孩子來說，油炸的香酥豈是無滋無味的白切可比，僅是這支炸雞腿就虜獲了一桌孩子的心。

爾後再與雞腿驚豔相遇，則是國中時讓當時還是修士的小舅舅帶至教會烤肉聚餐，我總覺得地點該是在現今師大分部附近，正值青春尷尬期的我，那天正彆扭中，推不掉小舅熱情邀約，只得和姊姊一塊出門，不想這聚會卻讓人眼界大開。

這露天烤肉是在一大草坪上進行的，像嘉年華一樣的歡樂，我們受到許多碧眼金髮的外國神父歡迎，還有許多帶著天使笑容的修女來招呼我們，她們領著我們一攤逛過一攤，還很稀貴的瓶裝可口可樂、蘋果西打竟裝在大塑膠桶裡冰鎮，任人放題索飲，更讓人瞠目的是那肉山肉海也任人吃到飽，且這裡的雞腿是拐了彎的，和平常我們以為的棒棒腿大上一倍有多，雖然好家教讓我們那天沒敢恣意，但電視電影看的外國人烤肉，是真親臨實境了。

再看到兩截帶彎的大雞腿則是在西門町電影街上，那噴香的烤雞腿是一條街外就聞到了，即便不餓，這香氣就是能把人誘到轆轆飢腸，對我們這些窮學生來說，它和一旁的烤魷魚一樣是聞得到吃不起的，既把錢花在電影票上，口腹之欲就得忍忍，這也是椿讓我發了誓、成人掙了錢一定要買來吃的美物，但這青春夢始終沒有成真，也許和後來雞肉大量養殖販售，以及麥當勞、肯德基各種速食炸雞進駐、雞肉雞腿不再那麼金貴有關，也或許年歲漸長，大塊肉吃大碗酒喝的脾胃已然遠去。

正式接手家裡廚房十七八歲時，每次宴客，我幾乎都會做蔥油雞，就像黃魚一定做糖醋是一個道理，它們都不容易失敗，雞剁得不美、魚煎得不夠漂亮，都可以靠鋪在其上的蔥薑、配料遮醜。蔥油雞自然是蒸食為佳，臺灣人不似香港為求肉質鮮嫩骨架帶血也無妨，雞隻總要熟透才好上桌，為此，全雞入鍋前，我會劃兩刀讓腿胸分離，就不至腿肉熟透，其他部位也老柴了。蒸煮時可放大段青蔥與薑片去圂味，起鍋切塊裝盤，鋪上嫩薑絲、蔥絲，以滾油淋上，最後以蒸盤裡的雞汁加味、微勾芡再均勻淋澆，即是一道好吃又上得了檯面的宴客菜。

但隨著廚房廚具的現代化，較宜處理西式餐點的刀具砧板並不宜剁雞，所以不做白斬、蔥油雞料理久矣，還住山上時，便曾為一隻鄰友贈送重於十斤的閹雞大傷腦筋，整隻煮沒那麼大鍋，只好肢解了下鍋，上桌前沒適合的刀具砧板剁塊，只得用廚房剪處理，卻讓那把德國雙人剪崩拆了，最後只能手撕了事，那年除夕，便是在和那隻閹雞奮鬥中度過的。

現今，方便也好、健康考量也罷，多就用雞胸煮熟了，手工扯成絲拌黃瓜，淋上日式胡麻醬，便是一道夏季消暑家常菜，或者拌以蔥絲香菜段，只以鹽、香油調味，也是不易膩味、四季皆可上桌的涼拌菜，且料理過程中，那雞胸肉也可饗饗一旁快滴口水的饞嘴貓女們。

若需做三杯，燉洋芋、栗子，乃至大盤雞，那麼就乾脆請老闆幫忙剁塊，省得回家與雞搏鬥。類此燒炙料理最重要的是起鍋前收汁，我總喜收到油汁分離、雞塊有些焦香，才入味好下飯。若燉湯，不管菌菇、芥菜、老黑蘿蔔乾、仙草或各式藥材，多以整隻入鍋，讓大夥在砂鍋裡叨來叨去各取所需，既省事又皆大歡喜。

說到砂鍋燉雞，「驥園」自然出類拔萃，每走敦南路經他們家門前，隔著玻璃窗，便可望見數十只砂鍋爐上文火燉著，飄香四溢很是誘人，大年初二外甥生日，我們多會來此外帶一口基本款的砂鍋雞湯替代蛋糕慶祝，鍋裡的全雞燉至熟軟，肉質卻仍保持著柔韌，最重要的是它的湯頭濃郁，剁成小塊的豬手燉至骨化，還有火腿干貝提味，那乳白湯汁澆在白飯便能甚麼都不佐直接美美下肚，或淋在川燙過的水磨年糕上，也是美到不可方物。

但年節時，這家鍋品最是難得，常一疏忽便錯過了預購時間，補救措施便是小年夜進店內用，再外帶一鍋雞湯了事，這點子來自一北京姑娘知悉我們好此味卻不可得，便一人至「驥園」單點一鍋雞湯，喝兩口便打包外帶，而後我們便依樣畫葫蘆，只是裝也不裝了，直接打包回家。

另一好湯所在，便是榮星花園畔的「羊雞城」，這矮桌矮椅半露天的環境很臺式很阿莎力，在此用餐，身畔不時出現畫龍刺鳳人物，大口喝酒大聲說話，甚至大打出手都遇過，若搭計程車去，沒一個司機不知道的，還如數家珍和你暢談關於這家店的傳奇故事。他們的招牌是羊肉爐和刈菜雞，羊肉爐用的是子排純酒，即便燒乾了，也只添酒不加湯水。

怕腥羶味我是從不碰羊肉爐的，另一鍋刈菜雞則是極其拔尖，客族稱做長年菜、外省人喚作芥菜的刈菜與雞相遇，總會散發驚人的鮮美，「羊雞城」用的又是烏骨雞，便更是超凡，半熟雞塊和生刈菜浸在高湯裡好大一鍋端上桌、點燃瓦斯爐，看得到的還有小朵乾菇和青蒜段，待雞肉熟透就可開吃。另還可加點金針菇、肉丸類的火鍋料，但我們從不那麼做，深恐混淆了雞湯的清新，他們的麻油麵線也是一等一的好滋味，添了蒜末，再搭不過了，每每點菜時遭工作人員好心制止，我們仍是堅持兩大盤起跳，且一定吃到光。

「羊雞城」的菜色看似簡單，回家依樣畫葫蘆卻永遠差那麼一截，也難怪他們那街角永遠喧騰，若遇寒流來襲，更是從傍晚直鬧到子夜的一位難求。不過這羊肉爐是秋冬之際才開賣，隔年四月便收爐，長夏雞湯還喝得到，其他菜點多改熱炒海鮮上桌。

去年八九月，家裡老小陸續染疫，之前二姊因氣喘緣故未打疫苗令人不安需時刻監控外，其他人也就各自縮回角落靜待轉陰，不送醫不就診，飲食清淡倒頭大睡是大致相同方向，平日照看我們的針灸師傅礙於隔離也愛莫能助，他看我們面對疫症如此自立自強，便給了我們一個封號「辛亥自救隊」。

這「辛亥自救隊」歷經一個月的努力，包括二姊在內，陸續由陽轉陰恢復正常生活作息，看著大家辛苦一場，胃口也漸次恢復，考量眾人呼吸系統、體力都很有改善的空間，於是翻出西洋蔘買隻全雞來燉補，果真頗受好評，於是不滿一週加倍西洋蔘的用量再燉煮一次，從上到下一樣很捧場的吃了個乾淨，未料，隔天各種症頭都出現了，輕微的口乾舌燥、喉嚨痛，嚴重的牙齦腫痛、頭暈發燒，二姊甚至紅腫了半邊臉。先以為新冠復發，經針灸師傅隔空問診，判定是西洋蔘補過頭的緣故，為此又給此事件定義為「辛亥自救隊翻車記」。

從那之後，再不敢恣意妄為。有了年紀，不僅燉雞進補不可妄為，日常大塊肉吃也不得恣意，年少辦雜誌辦出版，每每似家庭手工業的工作告一段落時，犒賞大家最佳方式，便是至臺大對面巷弄裡的「大福利」外帶十幾二十個便當回，那裹了粉炸至外酥內嫩的雞腿，爾今怎麼變得如此碩大無朋，滋味沒變，卻怎麼也吃它不完，不想浪費勉強吃下肚，那麼便會有很長很長一段時間，對所有肉類、炸物敬謝不敏，嚴重至反胃犯噁的地步，這大概是少時誓言掙了錢定要至烤雞腿攤報到的我，怎麼也無法想像會發生的光景吧！

近年統計，臺灣對肉食需求不斷增加，已超越米和麵的總和，其中，對雞肉的攝取量又取代了豬肉高居第一，且逐年還在增加中，這或許和白肉勝於紅肉的健康觀念有關，總之，現在臺灣人平均每天要吃掉兩百七十萬隻雞，這，真、真、真……是個可怕的數字，有朋友笑說，未來千年萬年人類消亡後，屆時不管是甚麼外星生物對地球做考古研究，一定以為這星體曾為雞屬禽鳥統治過，因那雞骸化石便是有利佐證，啊、啊、啊！這又是個該笑還是該哭的寓言呢？

關於鴨肉

成家後遷至偏鄉不得不以車代步，便報名駕訓班苦熬一個多月，終於通過考試，但取得駕照才正是考驗的開始，臺灣交通紊亂遠近馳名，新手上路處處危機，死物電線杆、分隔島及各式警示立牌，再添地上畫的白線黃線紅線已擾得人心煩意亂，活物摩托車、隨時竄出的人貓狗，或和你一樣的新手、三寶，那可就是魂飛魄散不足以形容了，若此時，身旁還坐著一個老手，那更是添亂，對所有路況判斷的差異，似乎都和智商有關，不等副駕「白痴！」脫口而出，已自覺腦殘的敗下陣來。

拿到駕照幾個月後，第一次享受到駕車的樂趣，是獨自一人前往金山買鴨肉去也。原說好同行的F爽約，臺北諸友已然下單，僅是宣一便訂了五隻，其他人加總十多隻，團購成形，只得硬著頭皮出發，奇異的是沒一人願隨行相伴，連最愛兜風踏青的二姊也寧可待在家，是擔心我駕車技術嗎？那原約好同行的F是不是一樣缺乏安全感委婉推卻這北海之行？

那日從城南娘家出發，穿過整個臺北先到了關渡，越過寬闊的淡水河遙望著觀音，天地似乎都打開了，再經淡水鎮央向北駛去，漸漸海也出現了。初冬海水深藍，濃灰捲雲低垂，貼著陡峭山壁的濱海公路幾只我一人，降下車窗撲面的海風，寒颼颼的讓人清醒又放鬆，好似置身異域某北國之境、某電影場景，彼時還沒《伊尼舍林的女妖》，應是《法國中尉的女人》吧！那是我第一次感受到駕乘的自在悠遊。

金山老街上的鴨肉攤，當時還只在廟前營業，不似後來拓展到整條街都快是他家的，我們多只外帶，除了鴨便是下水湯，老闆看我買得多，還請夥計幫忙搬上車。多年後別說沒這項服務，連內用都得自己當跑堂，先得在那條街上屬於他們的店面找好位置，再至廟前中央廚房排隊領食，鴨肉、炒麵、筍乾分大小盤自取，其他熱炒劍蝦、下水、豬肚……也依盤花計價，也就是說，只要中意的拿了就吃，最後再論盤付帳，於是乎，每至那條老街，便可看到無數吃客端著盤子川流在熙攘的人群中。

這家便宜又大碗的餐廳好吃嗎？老實說，精美當然談不上，火候也不講究，辦桌似的熱鬧、半自助式的用餐方式才是賣點，對天龍國臺北人來說可是饒富趣味，來北海一遊很難忽視它的存在，我是從二十出頭吃到現在，四十年過去了，對它的吃趣還維持著呢！

另家從小吃到大類似的攤子，則是位於西門町的「鴨肉扁」。說自小，其實也不那麼準確，畢竟孩提時跟著大人去當時臺北最繁華的西門町，逛街也好、看電影也罷，上館子時吃的多是餃子鍋貼麵條之類的北方麵食，父親結拜兄弟中的「大嘟嘟」（我們姊妹仨發音有問題，總把叔叔喚成嘟嘟），每次休假來家就是我們的快樂時光，蛙人隊長的他不僅扮馬讓我們騎，還會帶我們看電影，所有迪士尼的卡通都是他帶著看的，若值用餐，多往「點心世界」，講究些就上「一條龍」。

在西門町活動，很難避開「鴨肉扁」，每每經過都好奇那永遠熱氣蒸騰的店裡到底賣些甚麼，為何總是人潮洶湧，招牌「鴨肉」兩字看得懂，但多加了「扁」一字就不明白是甚麼吃食了。直至升國中，盧伯伯心岱阿姨帶我們進去用餐，才知是那麼回事。

這家店一九五〇就開張了，先賣的是鴨，生意不怎樣，爾後改賣土鵝，便一路火紅到現在，至於「扁」這個字，則因著創始老闆和我們前總統名字中都有同樣一個字的緣故，和賣的鴨呀鵝呀的料理方式並沒關係，這不禁令人納悶，金山出名的是鵝，賣的卻是鴨，而這家「鴨肉扁」賣的卻又是鵝，真箇是費思量。

這家掛鴨賣鵝的老店，煮的鵝高湯切仔米粉確實鮮美，燻過的鵝肉鮮嫩多汁，還多添了份火燎香氣，也是讓人垂涎的，只是價錢並不便宜，待等消費得起，已是成家會賺錢卻也已搬至外縣市了。在「鴨肉扁」還沒改裝前，他們的爐灶是擺在最外側鄰著中華路的，遠遠就能看見身架粗壯的師傅在煙霧繚繞中舉著大刀剁鵝，那手臂多刺龍刺鳳，加上功夫俐落，便生出許多城市傳說，深信不疑的大姊一次帶日本友人路過此處，當場大聲介紹，這家店臥虎藏龍，廚師員工都黑道出身，一旁當翻譯的母親汗毛直豎，真怕灶前的廚師提刀出來追人。

這家「鴨肉扁」是不是真的那麼傳奇難說，歷經三代經營，店面改裝後斯文許多，再見不到喝三吆四的廚師掌控全場，那端上桌的鵝肉切仔麵似乎也少了點煙火味，是我多心嗎？那鵝肉、胗肝的鮮潤似也盪了一截，疫前去時，登上二樓高朋滿座，四周外語盈盈，粵語日語韓語是我能辨別的，這家店已火紅到島外，觀光客按圖索驥來此，本地人似乎也該讓賢了。

另一鴨肉盛行之地除了宜蘭鴨賞，便是新竹了，城隍廟周邊多家鴨肉麵可挑揀，但我以為遠在桃園龍潭中興路上的「新竹鴨肉麵」更美味，他的湯頭總煮至泛白，油麵上附的鴨肉滋味全煮進湯裡，若食肉口欲難足，就另切盤鴨肉吧！他們的鴨一樣是燻製的，且連分開賣的翅腳及滷味也帶股燻香，包括海帶豆干鴨蛋。店內亦含幾款熱炒，以鴨血韭菜最出色，是以我不喜的烏醋為主調，但加了這異味的醋，鴨血似顯得分外滑潤，韭菜也變得翠綠許多，是道開胃殺膩的佐菜。

唯這家店不太講究環境，在此用餐，旁邊桌上便擱著一只大盆子，裡面堆滿待涼的燻鴨滷味，有時則是放學寫功課的孩子也堆的一桌作業鉛筆盒，彷彿誤闖了他們的家庭生活。若趕時間或不好停車，便外帶至教室再好好享用，好在油麵不怕浸置，泡在乳白高湯裡只會更入味，因此，車裡永遠備著一只大鋼碗，托缽似的索食，就為他們家的鴨肉麵。

大餐館的鴨料理也是不能忽略的，廣式的芋頭鴨、潮州的滷水鴨、西式的櫻桃鴨胸……，大概都難敵烤鴨受愛戴。不管是北京或廣式烤鴨，他們的起源、烤炙方法乃至吃法，今在臺灣已難辨，最大的差異應在北京講求原味，廣式的在炙烤前會在鴨肚裡塞入蔥薑八角提味，待烤至金黃發亮，直接剁了可，或做片皮鴨三吃、數吃也可。臺北大街小巷賣的烤鴨至少就可做到兩吃，除片皮包餅，剩下的肉骨剁塊加大量辛香料熱炒，我卻以為可惜了，是雞是鴨或某種物件，已完全吃不出來了，如阿城形容的麻辣鍋，「抹布丟進去也一個味兒」。

童年是沒吃過烤鴨這稀罕物，在外婆家，鴨和雞一樣是用白煮抹鹽酒方式料理，後來在關西一樣客族聚居地吃到紅麴醃漬的雞鴨鵝，新鮮有趣卻吃不太來那帶酒的苦味。孩時眷村旁，有家專賣外省口味的店家，臘腸臘肉滷味的，其中一定會有的就是南京板鴨，這板鴨一如它的名字，乾癟癟如木板一樣硬實，但也鹹滋滋的很適合下酒下飯，從小愛拿蝦米烏賊乾當零嘴的我，自然很欣賞這一味，每當大人喝酒聊天，我便在一旁啃骨頭，肉剔淨了，就用大牙啃開把骨髓也吸個盡，頸骨索性也嚼碎了吞下肚，一點也不浪費。

我一直以為南京鴨就長這樣，哪知後來探親返鄉，在秦淮河畔吃到的卻完全是另外一個物種，才知道當地人興的是鹽水桂花鴨，之所以加了「桂花」兩字，乃因雖一年四季都吃得到，唯中秋前後的湖鴨最美，皮白肉嫩，還顯些微紅，清香撲鼻，帶有一襲桂花香氣，在取材上，鴨不能太大太肥，鹽水醃漬時間也不可過長，和死鹹的板鴨是不一樣的，在還沒真空包裝的年代，來往兩岸攜回的多只能是板鴨，但其實臺北的「正記」、「隆記」、「李嘉興」都買得到，味道也差不離，唯一有別的就是價錢吧！

記得頭回返鄉告別金陵的那一晚，轉機還要在香港多待兩天的我，在夫子廟前著名的板鴨店前，幾番掙扎終是捨棄了鴨，只切了包鹹水肫子想一路吃到香港吃回臺灣，那點了香油至少一斤重的寶貝就擱在隨身包裡，光聞那鹹香味便希望無窮。

搭機時，鄰座「北北」也是探親歸來之人，神色處在一個迷離恍惚狀態，不知他返鄉遇到了甚麼，也不知他剛告別了甚麼親人，只覺得他人在飛機上，魂卻遊離在另個世界。知悉他轉機回臺還需在啟德機場苦等一個夜晚，擔心他迷途，擔心他不知如何安身，便交代再交代可如何尋求幫助，飛抵香港，我帶著他至轉機處，怕他肚子餓一夜找不到東西吃，到底把那包視作珍寶的鴨膥交給了他。

爾後數年間，在內地、香江的航站裡，遇到多少類似的身影，他們在歸去來兮間似失了魂的晃晃悠悠。時代大浪襲捲而至，個人的悲歡離合是如此卑微，沒人在意，兒孫們也聞之藐藐，他們失去的遠遠是我們所無法想像的。

後記　我有一個夢

我一直有個開餐廳的夢，一個此生不知能否實現的夢。

開始做夢胃口不大，小攤即可。從小不自覺的每至路邊或市集小販報到，總喜坐在大鍋大灶前，一邊吃著餐點、一邊看著老闆切切弄弄，總是興味十足，每當客人付帳，看老闆把錢擱在圍裙兜裡或擲進奶粉罐裡，特別覺得踏實，這也是金牛座的我喜歡的。

在學校，每每寫「我的志願」類此作文，都要努力壓抑心底竄起的那股熱情，雖說職業無貴賤，但還是明白大人的期許，掙扎良久，終還是選擇了第二志願「老師」，而非首選「老闆」，年幼的我也知道，一個小小攤販老闆是多麼的政治不正確呀！

會選擇「老師」，是因為對孩子來說，那象徵著權柄，總統管不到、警察也管不到，唯父母、老師才是那發號施令的大人，要打要罵、要寫多少功課全掌握在他們手裡，父母算不上一門職業，就只好選老師嘍！哪知道後來教書三十多年，卻進入「愛的教育」年代，別說打罵，連責備都有投訴之虞，教職幾成了服務業，也因此，同是餐飲的服務業，是多麼讓人戀戀難忘。

有段時間送女兒上學，總擔心她睡眠不足，從起床更衣上廁所，全在夢遊狀態中進行，只為上車後還可補眠二十分鐘，那早餐自然是打包了到校再吃。多半準備的是熱牛奶配迷你小飯糰，或滿滿一杯玉米濃湯，大滷麵疙瘩湯偶而也出現，早起熱食是我的脾性，且定得鹹食，不然腸胃一天都不舒坦，女兒跟著我也只得如此。

爾後老師反應，女兒的牛奶常拖至近午都喝不完，湯品、迷你小飯糰倒是早早就解決了，時不時還誘得其他孩子垂涎，故此，很想至他們校門口擺個攤，就賣幾樣熱湯，佐以肉鬆餡料捏成小桃子的飯糰，生意一定興隆，但那要天不亮就得忙和的活兒，到底是夜貓子的我難以承受的。

爾後遷居山上，隔著馬武督溪與公路只一橋之遙，這羅馬公路沿途景點不少，遊客川流，也常是重機山猴奔馳之徑，然這綿延幾十公里的山道，卻不太有供食供水之處，至少一個便利超商也無，因此我又築起擺攤大夢，尋個腹地大的路邊，架幾只大洋傘，擺些簡易桌椅，賣茶賣咖啡讓人歇歇腳外，炎炎夏日還可準備關西特產仙草，或愛玉、綠豆湯消暑，冷冬則是羅宋湯或自家產的蘿蔔燉排骨，或熱滾滾的紅豆湯燒仙草，定能吸引不少過客，行有餘力，還可賣些自家地上的香草青蔬，或自製果醬菜乾桂花釀，包裝擺設都要富有質感，在地、有機當然是賣點。然而，那時節的我常在外奔波上課，連週末都不得閒，家裡又有五十多口貓狗鵝雞鴿子嗷嗷待哺，哪有餘力再玩這遊戲，所以夢終究只是夢。

再次做這春秋大夢則是芬蘭之行，到此極北之境是一年中最宜人的季節，經過數月寒冬永夜，五至七月是北歐人放懷享受陽光與戶外活動的時候，幾近永晝的初夏，凌晨太陽雖已高掛，氣溫卻仍在攝氏零度徘徊，一般餐廳供應鮮少熱湯熱飲，才沒幾餐便思念起臺灣的切仔麵米粉湯，若能在街邊擺攤賣牛肉麵，或簡單的關東煮，生意肯定興隆，為啥沒人這麼想呢？

赫爾辛基最大賣場就和一家全聯差不多大小，所有日常所需價格驚人，除燻鮭外都比臺北貴上許多，為此，每天早晨都在旅館Buffet吃個飽足，攜兩顆白煮蛋一瓶礦泉水便不作他想，穿街走巷的來到港邊，碼頭攤位多賣農產品，馬鈴薯、胡蘿蔔、洋蔥迷你似哈比人所產，在此做餐飲，食材肯定難尋，我們的翻譯翠珊就說，臺灣攜來的菜籽來到北國是芽都不發，連最強悍的空心菜也不例外，看來這湯水生意難做呀！

物欲、食欲極簡的芬蘭人，似乎把所有力氣都花在精神層面了，赫爾辛基圖書館密度在世界城市名列前茅，更有一萬兩千輛大巴活動圖書館行止於郊區城鎮，讓偏鄉大人孩子有書可讀，二〇一八建成的中央圖書館座落在最繁華的中央車站後方，占地一點七公頃、耗資九千八百萬歐元、費時二十年打造，來此不止於閱讀，還是一智慧資源共享的場域，是芬蘭人民送給自己建國百年最好的禮物。

二〇一五參訪芬蘭時，這北歐最美的圖書館還未開始動工，我就已深深被這除了森林並無其他特別資源的千湖之國（其實芬蘭境內有一萬八千多個湖泊）所懾服，他們的教育、他們的設計永遠是世界翹楚，這樣一個充滿人文素養的國度，就別在飲食文化上多所苛求了，也別擺攤賣食的搔擾他們了吧！

近年移居臺北，常在街頭巷尾看到些小攤販，或飯糰或粥品或蛋餅……，便又做起擺攤生意的春秋大夢，臺北蛋黃區裡商辦大樓林立，午休出來的工蜂們自是需要覓食的，若這時提供有媽媽味道的飯盒，不僅果腹，還能一解北漂蜂兒們思親之苦，可不功德圓滿？拿手的三杯雞、蔥油雞、獅子頭、牛三寶、梅干扣肉、焢肉……，都很適合當主菜，搭配時蔬、各色蛋料理及關山好米，還附碗熱湯，便似媽媽從廚房端出的家常味，若生意做起來了，連攤位也不必，辦公室點餐即可，熱騰騰的飯盒直接送進公司多好。

若嫌太累，週六日各個角落的市集也好賣各式餐點，夏冰飲冬熱湯，人手一杯可邊吃邊逛，煎餃、炸饅頭、法式土司……，也可捧在手中囫圇吞食，為此，我還認真做了田調，也曾遠赴天母市集打探，各地攤租都了然於心。

現住臺北蛋殼邊緣，放眼遙望便看得見遠山綠意，但哪能和置身山野比擬，回歸山林和餐飲大夢於是合而為一。已然退休的我，或終能在山居住所開一餐廳，無菜單、預約制，無需時時備料，無需開店空等，採飢餓行銷的嚴格控制來客數量。硬體方面，先將臨河那一面拆解成落地窗，闢出一親水陽臺，有個十坪大小，屋裡屋外用餐均可。餐點方面用的是在地、當令食材，除了自家產的跑跑雞蛋，地裡的香草、青蔬、瓜果，其他自由生長的洛神、山蘇、野薑花、綠竹筍也可入菜，山裡還有香菇班、橘子班，那大朵肥厚的鮮菇怎麼料理都味美，鄰居好友曬製的各種菜乾也比外頭賣的乾淨且地道，除了肉品海鮮需外求，山林本身就是個大寶庫。

若以較粗獷的方式供食，就在院裡搭個柴窯，專烤少油少鹽少糖的雜糧麵包，佐以各式自製塗抹醬料，披薩當然也可入窯烘烤，餅皮上的料菇屬野菜隨意搭配，若想換個口味，洛神醬抹妥、擱上自家園子的芭蕉香蕉片也酸甜好滋味。佐以西式濃湯或羅宋湯都可，還可附上一份蔬果沙拉，便是健康美味的一餐。只是老怕人吃不飽的我，還在思量，這窯烤麵包和湯品是否該以Buffet的方式無限供應。

已然退休的我，和對餐飲也充滿興味的女兒，對這未來山野餐廳很是憧憬，時不時母女倆聚在一起便開始編織美夢，還不時交換各自吃食經驗，有空便在小小的廚房裡切磋手藝，這夢不知何時會實現，不知終究能實現否，但在築夢的過程中，我們已開心莫名了。

麥田文學 336

穿過味覺的記憶

作　　者　朱天衣
繪　　圖　薛慧瑩
責任編輯　于子晴

版　　權　吳玲緯　楊　靜
行　　銷　闕志勳　吳宇軒　余一霞
業　　務　李再星　李振東　陳美燕
副總編輯　林秀梅
總 經 理　巫維珍
編輯總監　劉麗真
事業群總經理　謝至平
發 行 人　何飛鵬

出　　版　麥田出版
台北市南港區昆陽街 16 號 4 樓
電話：886-2-25000888　傳真：886-2-2500-1951
發　　行　英屬蓋曼群島商家庭傳媒股份有限公司城邦分公司
台北市南港區昆陽街 16 號 8 樓
客服專線：02-25007718；25007719
24 小時傳真專線：02-25001990；25001991
服務時間：週一至週五上午 09:30-12:00；下午 13:30-17:00
劃撥帳號：19863813 戶名：書虫股份有限公司
讀者服務信箱：service@readingclub.com.tw
城邦網址：http://www.cite.com.tw

香港發行所　城邦（香港）出版集團有限公司
香港九龍土瓜灣土瓜灣道 86 號順聯工業大廈 6 樓 A 室
電話：852-25086231　傳真：852-25789337
電子信箱：hkcite@biznetvigator.com

馬新發行所　城邦（馬新）出版集團
Cite（M）Sdn. Bhd.（458372U）
41, Jalan Radin Anum, Bandar Baru Seri Petaling,
57000 Kuala Lumpur, Malaysia.
電話：+6(03)-90563833　傳真：+6(03)-90576622
電子信箱：services@cite.my

封面設計　朱　疋
排　　版　宸遠彩藝有限公司
印　　刷　前進彩藝有限公司

初版一刷　2025 年 5 月 27 日

售　　價　380 元
I S B N　978-626-310-875-2
978-626-310-876-9（EPUB）

城邦讀書花園
www.cite.com.tw

國家圖書館出版品預行編目資料

穿過味覺的記憶 / 朱天衣作 . -- 初版 . -- 臺北市 : 麥田出版 : 英屬蓋曼群島商家庭傳媒股份有限公司城邦分公司發行 , 2025.06
面；　公分 . -- (麥田文學 ; 336)
ISBN 978-626-310-875-2(平裝)

1. CST: 飲食　2. CST: 文集

427.07　　114004378